三维打印自由成形

王运赣 王 宣 孙 健 编著

机械工业出版社

本书介绍近年来快速发展的一项新技术——三维打印自由成形，它是一种具有代表性的基于加成制造原理的自由成形技术之一，实现这种成形的设备称为三维打印机。三维打印机采用多种多样的喷头操控和配送成形用原材料，使其按照预定的三维计算机辅助设计模型，一层层地沉积于工作台上，逐步堆积成三维工件。三维打印机非常适合快速制作各种功能器件，这些器件是用户真实可用的器件，其材质及其机械、电气、力学、物理、化学、生物特性切实符合用户的要求，而不仅仅是只能用于形体观测的样品。

本书总结了编著者近年来有关三维打印机和三维打印自由成形工艺的实践经验，参考了国内外大量有关文献中的精华，系统地阐述了三维打印技术的原理和应用。全书共分 5 章，分别为三维打印自由成形概述、三维打印机、生物医学中的三维打印自由成形、机电制造中的三维打印自由成形、三维打印自由成形的广泛应用与普及。

本书可作为高等院校制造工程类、材料工程类、生命科学类院系的教材，也可作为从事三维打印自由成形研究、设计、制造的工程技术人员的重要参考资料。

图书在版编目（CIP）数据

三维打印自由成形/王运赣，王宣，孙健编著. —北京：机械工业出版社，2012.4（2013.7 重印）

ISBN 978-7-111-38295-9

Ⅰ.①三…　Ⅱ.①王…②王…③孙…　Ⅲ.①打印机—基本知识　Ⅳ.①TP334.8

中国版本图书馆 CIP 数据核字（2012）第 091731 号

机械工业出版社（北京市百万庄大街 22 号　邮政编码 100037）
策划编辑：曲彩云　责任编辑：曲彩云
版式设计：刘怡丹　责任校对：潘　蕊
封面设计：赵颖喆　责任印制：杨　曦
北京四季青印刷厂印刷
2013 年 7 月第 1 版第 2 次印刷
169mm×239mm·12 印张·246 千字
3001—4000 册
标准书号：ISBN 978-7-111-38295-9
定价：38.00 元

凡购本书，如有缺页、倒页、脱页，由本社发行部调换

电话服务　　　　　　　　　网络服务

社服务中心：(010) 88361066　门户网：http://www.cmpbook.com
销售一部：(010) 68326294
销售二部：(010) 88379649　教材网：http://www.cmpedu.com
读者购书热线：(010) 88379203　**封面无防伪标均为盗版**

前　　言

　　三维打印自由成形是一种具有代表性的基于加成制造原理的自由成形技术之一，实现这种成形的设备称为三维打印机。三维打印机采用多种多样的喷头操控和配送成形用原材料，使其按照预定的三维计算机辅助设计模型，一层层地沉积于工作台上，逐步堆积成三维工件。

　　按照三维打印机出现的年代，可将其分为传统三维打印机、先进三维打印机和普及式三维打印机等3类。由于这些类型的三维打印机可使用的成形原材料广泛，对材料的成分、形态、规格等几乎没有限制，因此非常适合快速制作各种功能器件。

　　由于三维打印自由成形具有显著优势，目前该工艺已经在生物医学、机电制造和新材料成形等领域的应用上取得了重大进展。随着3D时代的到来，三维打印自由成形的应用领域必将迅速扩展，甚至进入家庭，涉及生产、办公和日常生活的方方面面。因此，三维打印技术被称为"继蒸汽机、计算机和互联网后的又一项伟大发明"。

　　虽然三维打印自由成形技术发展迅速，但系统地介绍这项技术的专著很少。近年来，我们一直致力于三维打印机和三维打印自由成形工艺的研究，积累了较丰富的经验，同时也查阅了大量的文献，在此基础上编写了本书，希望以此促进三维打印技术在我国的进一步发展与应用。

编　者

目　　录

第1章 概　述

1.1　自由成形与自由成形机

自由成形（Free Form Fabrication，FFF）起源于 20 世纪 80 年代后期问世的快速成形（Rapid Prototyping，RP）。快速成形方法的原理属于加成制造（Additive Fabrication，AF），即不必采用传统的加工机床和工模具，而是依据工件的三维计算机辅助设计（CAD）模型（见图 1-1a），在计算机控制的自由成形机上直接成形三维工件。成形过程如下：①利用自由成形机的软件对 CAD 模型进行分层切片，得到各层截面的二维轮廓图（见图 1-1b）。②按照这些轮廓图进行分层自由成形，制成各个截面轮廓薄片（见图 1-1c）。③将这些薄片逐步顺序叠加堆积成三维工件实体（见图 1-1d）。

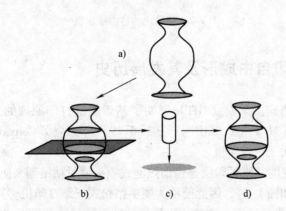

图 1-1　工件的三维 - 二维 - 三维的转换

a）三维设计模型　b）模型分层切片

c）分层制片　d）堆积成实体

自由成形只需传统加工方法 30% ~ 50% 的工时和 20% ~ 35% 的成本，就能直接制作复杂的三维工件，因此在工业和生物医学等领域中获得了广泛的应用。经过近 20 年的持续努力，实现三维自由成形工艺的机器已有 5 种商品化的定型产品（见图 1-2），即激光固化（SLA）、激光切纸（LOM）、激光烧结（SLS）、三维打印（3DP）和熔融挤压（FDM）等自由成形机（一般称为"快速成形机"）。

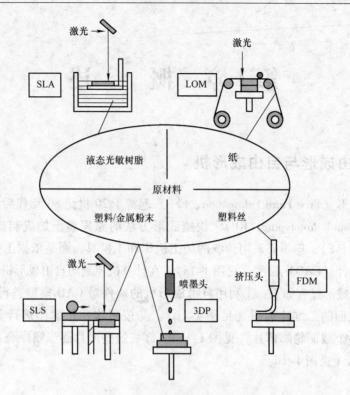

图 1-2　商品化的自由成形机

1.2　三维打印自由成形及其发展历史

1993 年，麻省理工学院（MIT）发明了基于喷墨打印原理的三维打印自由成形和三维打印机（3D Printer，3DP），随后于 1997 年成立 Z Corporation 公司，开始生产 Z 系列喷墨式三维打印机。

这种最早出现的三维打印机是借助热泡式喷头喷射粘结剂来使粉材选择性粘结成形（见图 1-3 和图 1-4），因此简称为喷墨粘粉式三维打印机。其工作过程如下：

1）铺粉辊将供粉活塞上方的一层粉材（如石膏粉）铺设至成形活塞上方（见图 1-4a）。

2）喷头按照 CAD 设计的工件截面层轮廓信息，在水平面上沿 X 方向和 Y 方向运动，并在铺好的一层粉材上，有选择性地喷射粘结剂，粘结剂渗入部分粉材的微孔中并使其粘结，形成工件的第一层截面轮廓（见图 1-4b）。

3）一层成形完成后，成形活塞下降一截面层的高度（一般为 0.1～0.2mm），供粉活塞上升一截面层的高度，再进行下一层的铺粉（见图 1-4c）。

4）在下一层上喷射粘结剂，形成工件的下一层截面轮廓（见图 1-4d）。如此循环，直到完成最后一层的铺粉与粘结（见图 1-4e），形成三维工件（见图 1-4f 和图

1-5）。

在这种自由成形机中，未粘结的粉材自然构成支撑，因此，不必另外制作支撑结构，成形完成后也可免除剥离支撑结构的麻烦。此外，喷头还可以喷射多种颜色的粘结剂，以便成形彩色工件。

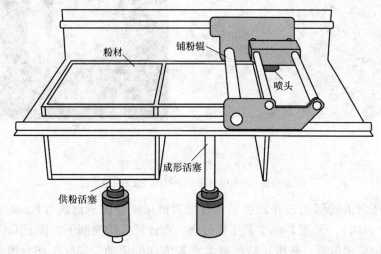

图 1-3 喷墨粘粉式三维打印机

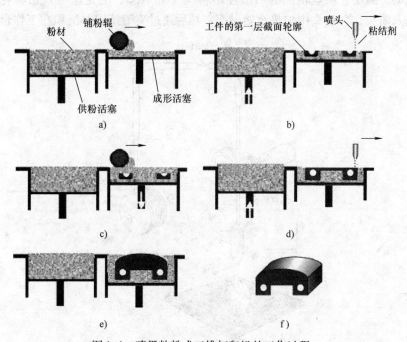

图 1-4 喷墨粘粉式三维打印机的工作过程

a) 铺粉 b) 喷射粘结剂 c) 再铺粉 d) 再喷射粘结剂 e) 成形完成 f) 三维工件

在上述喷墨粘粉式三维打印机发明的同时（1993 年），美国 Stratasys 公司发明

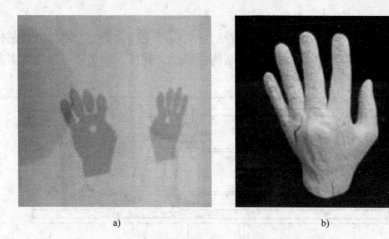

a)　　　　　　　　　　　　　b)

图 1-5　三维打印成形的工件

a）工件的一层截面轮廓　b）打印完成的三维工件

了熔融挤压自由成形工艺并研制了首台熔融挤压式自由成形机（Fused Deposition Modeling，FDM），见图 1-6a。其工作过程：在计算机的控制下，按照 CAD 设计的工件截面层轮廓信息，挤压式喷头做水平 X 方向的运动，同时工作台做水平 Y 方向的运动。缠绕在供丝辊上的热塑性塑料丝（如 ABS、尼龙丝等）由辊轮式送丝机构送入喷头，在喷头中加热至熔融态，然后通过喷嘴挤出并沉积在工作台上（见

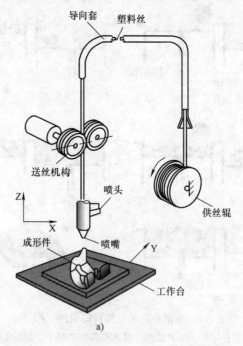

a)

图 1-6　熔融挤压式自由成形机原理图

a）组成示意图

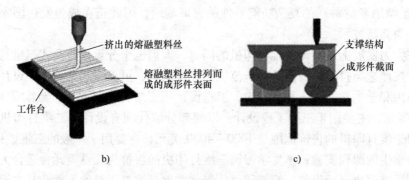

图1-6 熔融挤压式自由成形机原理图（续）

b）熔挤成形 c）成形件和支撑结构

图1-6b），快速冷却固化后形成截面轮廓和支撑结构（见图1-6c）。工件的一层截面成形完成后，喷头上升一个截面层的高度（一般为0.1～0.2mm），再进行下一层截面的沉积，如此循环，最终形成三维工件。

熔融挤压式自由成形机和喷墨粘粉式三维打印机有一个明显的相同点，即都是用喷头来操控和配送成形材料（虽然喷头的工作原理和结构有所不同），这和二维喷墨打印机极其相似，但与激光固化（SLA）、激光切纸（LOM）和激光烧结（SLS）等3种自由成形机完全不同。因此，近年来在加成法自由成形领域，将熔融挤压式自由成形机归并入三维打印机，并称其为熔融挤压式三维打印机。

1.3 三维打印自由成形的新进展

喷墨粘粉式和熔融挤压式两种传统三维打印机都有一定的局限性，这主要是可用原材料有较大的限制。例如，热泡式喷头能喷射的粘结剂有限，特别是难以喷射粘度较大的粘结剂以及非水溶液性粘结剂；熔融挤压式喷头只能使用一定直径的可熔融塑料丝材。这种状况显然无法满足新材料成形的需求，特别是生物医学领域、机电制造领域和其他一些新发展领域的成形需求。

为突破这些限制，近年来已经开展了自由成形关键技术——先进喷头的研制，特别是关于压电喷墨式喷头、微注射器式喷头和电流体动力喷头的研制。这些喷头的共同特点是采用微滴喷射技术，从而不仅使自由成形的可用原材料（"墨水"）范围大大扩展（几乎无限制），而且使成形件的精度也有大幅度的提高，并且在这些先进喷头的基础上出现了一些全新的自由成形机。由于这些自由成形机采用喷头来操控和配送成形材料，可以制作三维工件，因此统称为三维打印机。为区别于传统的三维打印机，将新出现的这些三维打印机称为"先进三维打印机"（advanced 3D printers），并将这些打印机及其所使用原材料与相关工艺统称为"先进三维打印技术"。先进三维打印技术可以成功地解决生物医学和机电制造等领域新材料

（特别是微纳米材料）的复杂功能器件的成形难题，因此正在成为发达国家争先发展的一项高新技术。

在大力发展上述高端三维打印机的同时，人们也十分重视普及式三维打印机的发展。按照这类打印机目前的售价范围和主要用途，可以将其分为工程设计用、简易实验用和学生学习用3种。其中，工程设计用三维打印机的售价范围是10000～20000美元，主要用于三维工程设计，以便部分取代现有设计用二维打印机；简易实验用三维打印机的售价范围是1000～4000美元，主要用于一般的三维成形实验，特别是学生的课程实验；学生学习用三维打印机的售价为几百美元，适合大专院校学生用标准模块自行组装三维打印机，借此掌握三维打印机的原理和基本操作，以及三维打印自由成形工艺基础。

参 考 文 献

[1] 王运赣. 功能器件自由成形 [M]. 北京：机械工业出版社，2012.

[2] 王运赣，张祥林. 微滴喷射自由成形 [M]. 武汉：华中科技大学出版社，2009.

[3] 李宝，王运赣. 快速成形技术（高级）[M]. 北京：中国劳动社会保障出版社，2006.

[4] 王运赣. 快速成形技术 [M]. 武汉：华中科技大学出版社，1999.

第2章 三维打印机

2.1 三维打印机的类型

三维打印机是实现三维打印自由成形工艺必需的机电一体化装备，按照三维打印机出现的时间，可以将其分为3个阶段并据此进行分类（见图2-1）。

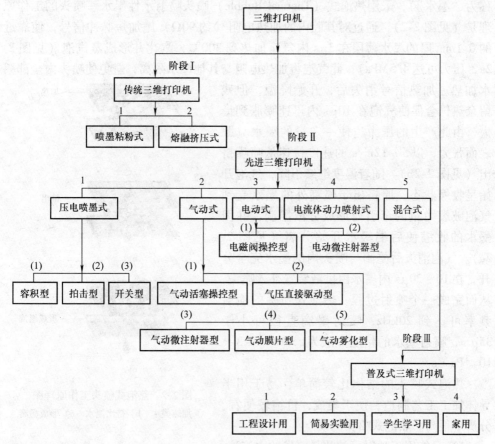

图2-1 三维打印机的发展阶段及其分类

（1）传统三维打印机

出现于20世纪90年代，包括喷墨粘粉式（3DP）和熔融挤压式（FDM）等两种三维打印机。

（2）先进三维打印机

近年来出现的新型三维打印机，包括压电喷墨式、气动式、电动式、电流体动力喷射式和混合式等5种三维打印机。

（3）普及式三维打印机

正在发展或将要发展的大众化三维打印机，包括工程设计用、简易实验用、学生学习用和家用等4种三维打印机，其中家用三维打印机目前还处于设计阶段。

2.2 喷墨粘粉式三维打印机

传统喷墨粘粉式三维打印机（见图1-3和图1-4）用水性溶液作为粘结剂（统称为"墨水"），采用热泡式（Thermal Bubble）喷头喷射水性墨水。喷头的工作原理是（见图2-2），通过对其腔内的加热电阻（约90Ω）施加短脉冲信号，使靠近的0.1mm厚的墨水薄层在3μs内急速加热到300℃，汽化并形成蒸汽泡（见图2-2a，压力可达4.5MPa），此气泡将加热电阻与其他墨水隔离，避免使喷头内全部墨水加热。加热信号消失后，开始降温，但残留余热仍会促使气泡在10μs内迅速膨胀到最大，由此产生的压力迫使一定量的墨水克服表面张力，以5~12m/s的速度快速从喷嘴挤出（见图2-2b）。随着温度继续下降，气泡开始呈收缩状态，原挤出于喷嘴外的墨水受到气泡破裂力量的牵引而形成分散墨滴，并因墨水的收缩使后端墨水开始分离（见图2-2c）。气泡消失后墨滴与喷头内的墨水完全分开，在10~20μs内墨水由供液装置补入喷头，从而完成一个喷射过程。热泡式喷头的喷射频率可达到20kHz，喷射墨滴直径可小于35μm，喷射墨水的粘度一般为$1\times10^{-3}\sim3\times10^{-3}$Pa·s。

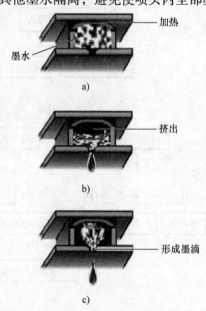

图2-2 热泡式喷头工作原理图
a）加热墨水 b）挤出墨水 c）形成墨滴

热泡式喷头的结构比较简单，易于用半导体加工工艺制造，便于集成，价格较便宜，分辨率很高。热泡式喷头的缺点：

1）只能用于喷射可被热量蒸发的水溶液。

2）喷头中存在热应力，电极始终受电解和腐蚀的作用，这些对使用寿命有影响（通常为几十小时），因此，喷头通常与墨盒做在一起，更换墨盒时即同时更新喷头，这样一来用户不必为喷头堵塞而担心。

3）在工作过程中，液体受热（约300℃），易发生化学、物理变化，使一些热敏感液体的使用受到限制。例如，若用热泡式喷头喷射纳米金，当金的微粒足够小时，它能在120℃左右烧结，因此，喷射液蒸发造成的高温会导致纳米金烧结在加热电阻上。当烧结其上的金层达到一定的厚度时，会使加热电阻的阻值下降，从而不能产生足够的温度。

图2-3是Z Corporation公司生产的Z系列喷墨粘粉式三维打印机，它采用供粉活塞供给粉材。图2-4是上海富奇凡机电科技有限公司生产的LTY－200型喷墨粘粉式三维打印机，它用料斗供给粉材（见图2-4b和图2-4d），结构更紧凑。图2-5是NCKU型喷墨粘粉式三维打印机，它采用热泡式喷头或压电式喷头。

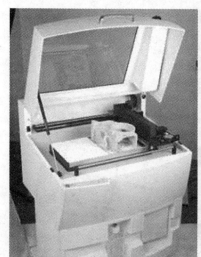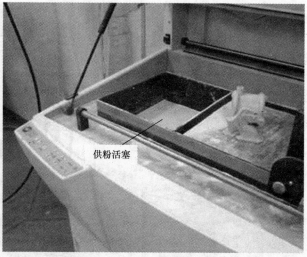

图2-3 Z Corporation公司喷墨粘粉式三维打印机

a) b)

图2-4 富奇凡公司喷墨粘粉式三维打印机

a) 整机外观 b) 工作台

图 2-4　富奇凡公司喷墨粘粉式三维打印机（续）

c）喷头　d）铺粉装置

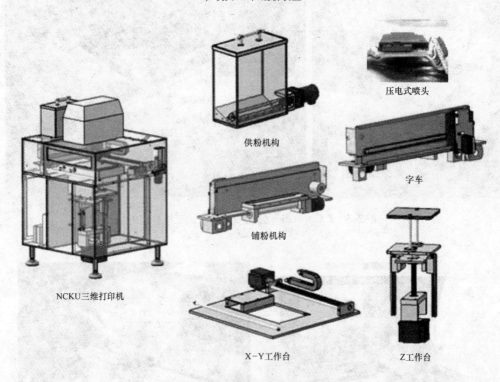

图 2-5　NCKU 型喷墨粘粉式三维打印机

2.3　熔融挤压式三维打印机

图 2-6 是 Stratasys 公司生产的熔融挤压式三维打印机，这种打印机采用两个熔融挤压式喷头，其中，一个喷头用于沉积成形材料，另一个用于沉积水溶性支撑材

料，用辊轮式送丝机构供给和推挤丝料（见图 1-6a）。图 2-7 是熔融挤压式三维打印机的成形件。

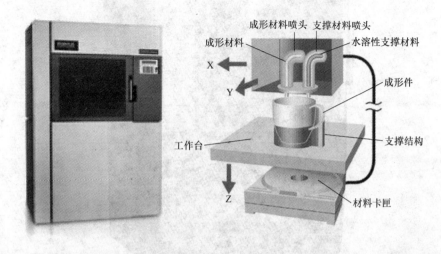

图 2-6 Stratasys 公司熔融挤压式三维打印机

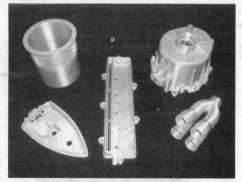

图 2-7 熔融挤压式三维打印机的成形件

上海富奇凡公司生产的熔融挤压式三维打印机（见图 2-8）采用辊轮－螺杆式熔挤系统（见图 2-9），挤压头内的螺杆和送丝机构用可沿 R 方向旋转的同一步进电动机驱动，送丝机构由传动齿轮和两对送丝辊组成。外部计算机发出控制指令后，步进电动机驱动螺杆，同时，又通过传动齿轮驱动送丝辊，将直径 4mm 的塑料丝送入挤压头。在挤压头中，由于电热棒的加热作用，塑料丝呈熔融状态，并在变截面螺杆的推挤下，通过直径为 0.2～0.5mm 的可更换喷嘴沉积在工作台上，并在冷却后形成工件的截面轮廓。这种熔挤系统可以看成是"螺杆式无模注射成形机"，驱动步进电动机的功率大，能产生很大的挤压力，因此，能采用粘度很大的熔融材料，成形工件的截面结构密实，品质好。

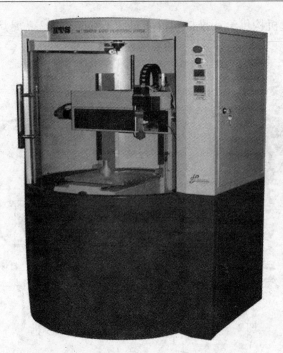

图 2-8 富奇凡公司熔融挤压式三维打印机

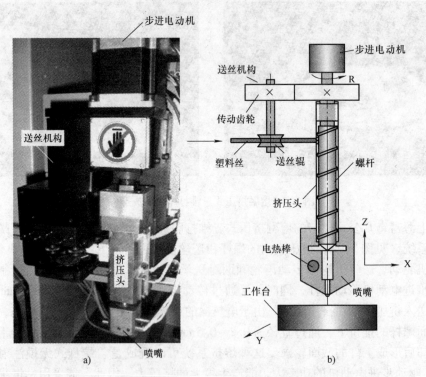

a)

b)

图 2-9 辊轮-螺杆式熔挤系统

a) 外观 b) 原理图

2.4　压电喷墨式三维打印机

压电喷墨式三维打印机采用的压电式喷头主要有以下几种：

1）容积型，它利用压电器件的逆压电效应造成的收缩、弯曲、推挤或剪力，使喷头中的液体容积和压力发生变化，从而将喷头中的液体从喷嘴中挤出。

2）拍击型，它利用压电器件的逆压电效应造成的高速直线运动拍击喷头中的液体，使其从喷嘴中射出。

3）开关型，它利用压电器件的逆压电效应控制微阀的开关，从而控制喷头中液体的喷射。

2.4.1　容积型压电喷墨式喷头与三维打印机

1. 容积型压电喷墨式喷头

压电喷墨式三维打印机首选的喷头是容积型压电喷墨式喷头（Piezoelectric Printhead），这种喷头属于按需（Drop – On – Demand，DOD）喷射喷头，它利用在压电器件上施加电压信号，使压电陶器件产生形变，导致喷头小容腔中液体的容积缩小，从而挤压喷头内的液体并使其从喷嘴中射出。例如，在图 2-10 中，喷头由压电陶瓷片、喷嘴、小容腔和墨盒等组成，在压电陶瓷片上未施加驱动电压信号时，小容腔中液体的压力足够低（或为负压），液体因表面张力而保持在小容腔中；需要喷射时，在压电陶瓷片上施加一个脉冲电压，压电陶瓷片立

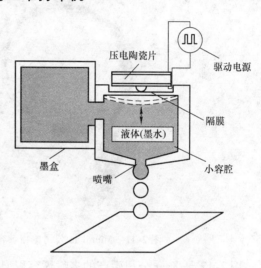

图 2-10　容积型压电喷墨式喷头

即发生微米级伸长，在此作用下，隔膜发生向下的弹性变形，使与其相连的小容腔中液体的容积迅速缩小，产生朝向喷嘴的压力波，此压力波克服喷嘴中的压力损失和液体的表面张力，使喷嘴出口处开始形成一个液滴，并使其从喷嘴喷出，然后，压电陶瓷片和隔膜恢复原状，由于表面张力作用，新的液体由墨盒进入喷头的小容腔。

容积型压电喷墨式喷头的特点：

1）对液体的控制能力强，容易实现高精度的喷射，液滴体积不均匀系数能控制在 ±2% 以内。

2）反应速度快，喷射频率可高达 10 ~ 40kHz。

3）液滴体积与驱动电压之间呈线性关系，液滴体积范围可达 1 ~ 140pL，能通

过调节驱动电压来方便地改变液滴体积。

4）喷射寿命（累计喷射体积）可高于100L。

5）由于无须使喷射液汽化，没有热化学反应，不会因此改变喷射液的性质。

6）喷射液体的粘度范围为 $10 \times 10^{-3} \sim 40 \times 10^{-3} \mathrm{Pa \cdot s}$（最佳值 $10 \times 10^{-3} \sim 14 \times 10^{-3} \mathrm{Pa \cdot s}$）。

三维打印机中采用的容积型压电喷墨式喷头有单喷嘴喷头和多喷嘴喷头两种。

图 2-11 是 MicroFab 公司生产的 MJ – SF 单喷嘴容积型压电喷墨式喷头，这种喷头能喷射温度高达250℃、粘度小于 $20 \times 10^{-3} \mathrm{Pa \cdot s}$、表面张力为（20～500）dyn/cm（$1 \mathrm{dyn/cm} = 1 \times 10^{-3} \mathrm{N/m}$）的粘结剂、液态蜡、聚合物和流态金属等，喷嘴内径为 20～80μm，可以在320℃下工作若干天，在370℃下短暂工作。

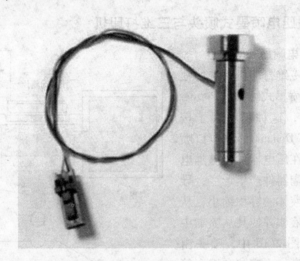

图 2-11　MicroFab 公司单喷嘴容积型压电喷墨式喷头

图 2-12 是 Xaar 公司生产的多喷嘴容积型压电喷墨式喷头，在一个喷头上可以有 1000 个喷嘴。由于喷头制作工艺上的困难，如果一个喷头上的所有喷嘴排列成一排，则难于达到高分辨率（即小间距）。为克服上述困难，通常将一个喷头上的

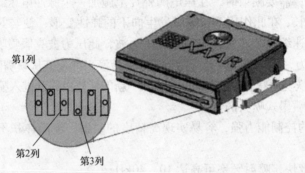

图 2-12　Xaar 公司呈 3 列分布的多喷嘴容积型压电喷墨式喷头

喷嘴分布成多列（如图 2-12 所示 3 列），列与列之间交错排布，从而能得到更小的相邻喷嘴间距和更高的喷嘴分辨率。如此分布喷嘴后，喷印时应通过控制软件使多列喷嘴喷印的墨滴重合为一列，得到最佳的喷印效果。

图 2-13 是 FUJIFILM Dimatix 公司生产的 Galaxy PH 256/30 HM 多喷嘴容积型压电喷墨式喷头，这种喷头可喷射热熔材料，有 256 个排成 1 行的喷嘴，喷嘴的间距为 42μm，液滴体积为 28pL，分辨率为 900dpi，能使材料加热至 125℃ 并进行喷射，喷射频率可达 20kHz，内有 8μm 的过滤器。喷头的外形尺寸为 65mm × 102mm × 111.4mm，质量为 640g。

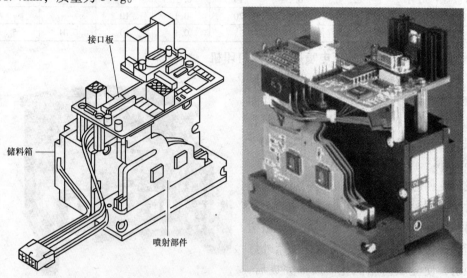

图 2-13　FUJIFILM Dimatix 公司多喷嘴容积型压电喷墨式喷头

容积型压电喷墨式喷头目前能达到的喷射技术指标见图 2-14。

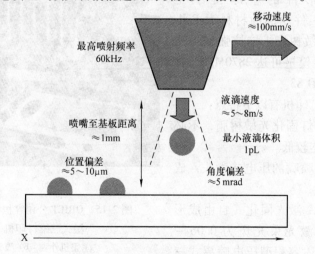

图 2-14　容积型压电喷墨式喷头目前能达到的喷射技术指标

据预测，未来容积型压电喷墨式喷头将会有很大的进步（见表2-1），最小液滴体积可小至0.1~0.01pL，从而喷印的最小特征尺寸可小至10~5μm。实际上，FUJIFILM Dimatix公司在2010年已能生产1pL的DMC-11601喷头。

表2-1　容积型压电喷墨式喷头喷印的液滴体积与特征尺寸预测

	现　今		2~5年		5年		10年	
	液滴体积 /pL	特征尺寸 /μm	液滴体积 /pL	特征尺寸 /μm	液滴体积 /pL	特征尺寸 /μm	液滴体积 /pL	特征尺寸 /μm
实验室	1	25	0.1	10	0.01	5	—	—
工业可用	7	50	0.4	20	0.1	10	—	—
大量制造	20	70	1	25	0.1	10	0.01	5

2. OBJET容积型压电喷墨式三维打印机

图2-15是OBJET公司生产的E-DEN系列容积型压电喷墨式三维打印机，这种打印机采用Polyjet多喷嘴容积型压电式喷头，分辨率为600×600×1600dpi，可同时打印65mm的宽度。成形工件时，首先用喷头的一组喷嘴喷射支撑用凝胶状光敏树脂，再用喷头的另一组喷嘴喷射工件轮廓用液态光敏树脂，然后，用设置在喷头两侧的紫外灯照射，使光敏树脂固化。成形完成后，用手工或水枪喷射去除支撑结构，得到成形工件（见图2-16）。成形层高为0.016mm，成形件的壁厚可小至0.6mm。成形工件轮廓的材料为Full-Cure系列等光敏树脂，抗拉强度可达60.3MPa，弹性模量可达2870MPa，肖氏硬度可达HSD 83。

上述三维打印机有以下特点：

1）用紫外灯固化光敏树脂，不必用激光器，成本较低。

2）采用多喷嘴的压电式喷头，成形件精度高。

在一般SLA激光固化式自由成形机上，采用的激光束光斑为0.06~0.10mm；在上述容积型压电喷墨式三

a)

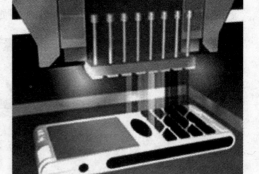

b)

图2-15　OBJET公司容积型压电喷墨式三维打印机

a）整机外观　b）喷头

维打印机上，喷头的喷嘴内径仅为几十微米，打印的最小特征尺寸可以比激光光斑更小。但是喷射光敏树脂的喷头会发生堵塞现象，需仔细维护。另外，由于设置在喷头两侧的紫外灯的功率有限，这种灯产生的紫外光束照射在光敏树脂表面的功率密度更有限，因此成形层高不能大（一般为 0.016mm），否则难以充分固化。虽然这种小层高能缩小成形件表面的阶梯效应，有利于提高工件表面品质，但是也会使成形效率降低。

图 2-16　OBJET 容积型压电喷墨式三维打印机的成形件

3. 3D Systems 容积型压电喷墨式三维打印机

图 2-17 是 3D Systems 公司生产的 InVision 容积型压电喷墨式三维打印机，这种打印机采用多喷嘴容积型压电喷墨式喷头，分辨率可达 $656 \times 656 \times 800$dpi。成形工件时，首先在工作台上基底的上表面喷射支撑结构用蜡，再喷射工件轮廓用液态丙烯酸光敏树脂，然后用紫外灯照射，使光敏树脂发生聚合反应而固化成形。成形完成后，用异丙醇溶解支撑蜡，得到成形件（见图 2-18）。支撑结构用蜡料为 Visi-Jet S300 和 S100 等，熔点为 60℃ 左右，可溶解。工件轮廓用料为 VisiJet MX 等光敏树脂，抗拉强度为 31MPa，拉伸模量为 1475MPa，成形层高为 0.038mm。

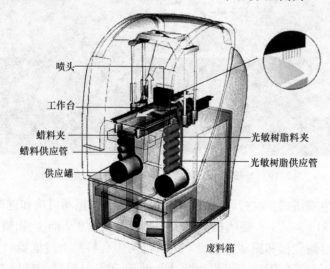

图 2-17　3D Systems 公司容积型压电喷墨式三维打印机

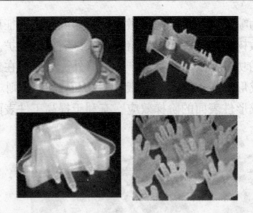

图 2-18 3D Systems 容积型压电喷墨式三维打印机的成形件

2.4.2 拍击型压电喷墨式喷头与三维打印机

兰州理工大学高辉研制了一种拍击型压电喷墨式喷头与三维打印机（见图 2-19 和图 2-20)[3]。

图 2-19 兰州理工大学拍击型压电喷墨式三维打印机

拍击型压电喷墨式三维打印机的喷头由喷嘴机构、振动机构和进料机构等部分组成（见图 2-21)，其中，喷嘴机构由小喷管（内径为 0.2mm）和喷管套等组成。振动机构由压电陶瓷棒和振动杆组成。进料机构中有料筒、过滤器、100W 电加热器、温度传感器和通气管等，可以将喷头加热至 70℃，使置于料筒中的成形材料

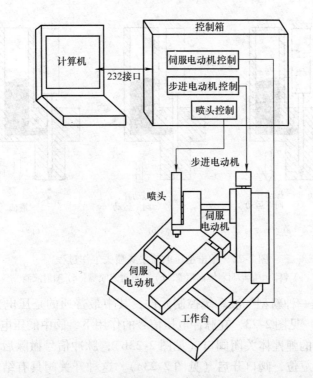

图 2-20　兰州理工大学拍击型压电喷墨式三维打印机原理图

（蜡，熔点为 43℃）熔化，并流至喷嘴机构的小喷管。

在压电陶瓷棒上施加频率为 700Hz 的脉冲电压时，由于压电陶瓷的逆压电效应作用，振动杆会向下高速运动（见图 2-22），迫使熔化蜡从喷嘴射出，形成液滴。

为保证负压供料，使进料装置中的通气管出口靠近喷头的下部（见图 2-21），同时设置了一根小针管，在此针管的下端会产生一个小气泡，由于表面张力的作用，气泡表面会产生张紧力并限制气泡的增大，阻止外界空气的进入，从而保证喷头不工作时，液滴不会从喷嘴泄出。

2.4.3　开关型压电喷墨式喷头与三维打印机

用压电器件驱动的压电阀（Piezoe-

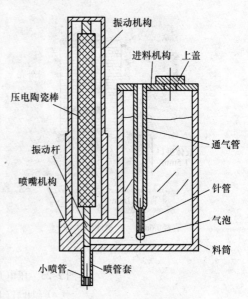

图 2-21　拍击型压电喷墨式
三维打印机的喷头原理图

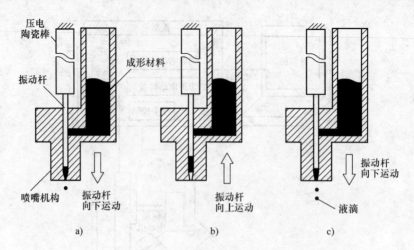

图 2-22 拍击型压电喷墨式喷头工作过程

a）料筒中成形材料流向喷嘴 b）空气进入喷嘴 c）喷射液滴

lectric Valve）是一种新型气液系统控制元件，其中最普通的是压电开关阀（Piezo Switching Valves）见图 2-23，在脉冲电压信号的作用下，阀中的压电陶瓷叠堆向下伸长，压迫下方的弹性体关闭阀口（见图 2-23b）；脉冲信号撤除后，压电陶瓷叠堆缩短，弹性体复位，阀口开启（见图 2-23a）。这种开关阀具有结构简单、跟踪频率高和响应速度快的优点（开关切换时间可小于 1ms）。

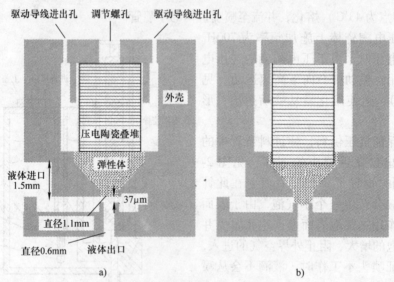

图 2-23 压电开关阀原理图

a）阀开启 b）阀关闭

图 2-24 是 Microdrop 公司采用压电开关阀的 NJ－K－4 型喷头和打印机，这种喷头能快速控制通过气压输送的流体，流体的黏度可高达 2000MPa·s，开关切换

时间约为1ms，喷射频率可达450Hz，一个脉冲喷射的液体体积为10nL~10μL，外形尺寸为103mm×39mm×10mm，喷嘴可快速更换。

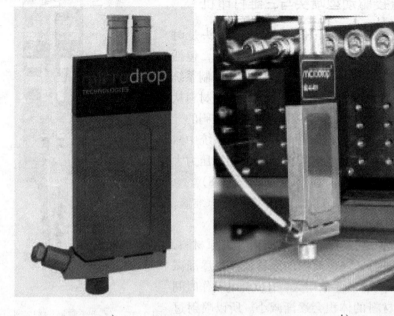

a)   b)

图 2-24 Microdrop 公司采用压电开关阀的喷头和打印机

a）喷头 b）打印机

2.5 气动式三维打印机

气动式三维打印机采用的气动式喷头主要有以下几种：气动活塞操控型喷头、气动微注射器型喷头、气压直接驱动型喷头、气动膜片型喷头和气动雾化型喷头。

2.5.1 气动活塞操控型喷头与三维打印机

气动活塞操控型喷头见图 2-25，当控制系统使压缩空气通过入口进入喷头时，活塞和与其相连的针阀克服弹簧压力向上运动，开启阀口，自流体入口进入的流体材料（"墨水"）通过阀口和空心针头（标准针头的最小内径为60μm）射出。当控制系统使压缩空气排气时，在弹簧力的作用下，活塞和与其相连的针阀向下复位，阀口关闭，停止喷射流体材料。用流量控制旋钮调节弹簧的预压量可以改变针阀的开启量，从而使流体的流量发生变化。

气动活塞操控型喷头中有机械运动零件（活塞、弹簧、针阀等），由于这些零件的惯性影响，这种喷头的灵敏度、工作频率和喷射液滴的体积精度不够高。

图 2-26 是采用气动活塞操控型喷头的三维打印机原理图，电子制造行业的三

轴点胶机也常采用这种喷头和系统。

2.5.2 气压直接驱动型喷头与三维打印机

气压直接驱动型喷头见图 2-27，这种喷头是时间 – 压力型分配器（Time – pressure Dispenser），包括注射筒、针头和气动控制系统。压缩空气通过控制系统作用于注射筒内流态原材料的顶部，气压驱使原材料从针头射出，实现三维成形。调节控制系统中电磁阀的开启/关闭可以改变喷射的时间长短，借助控制系统中减压阀可以调节气压的大小，上述动作时间长短和压力大小会直接影响喷射液滴的体积与形状（见图 2-28）。

气压直接驱动型喷头结构比较简单，易于维修，应用广泛。但存在两个问题：

1）在喷射过程中，开始时注射筒内装满原材料，随着过程的不断进行，注射筒内的原材料体积逐渐减小，注射筒内的气体体积不断增大，在同样的动作时间和压力下，射出材料的体积会逐渐减小。所以喷射过程是一个时变参数动态系统，系统动态特性随时间变

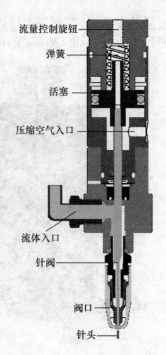

图 2-25 气动活塞操控型喷头

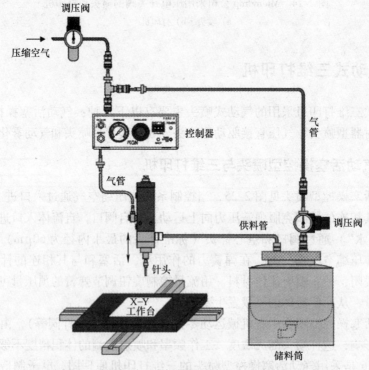

图 2-26 采用气动活塞操控型喷头的三维打印机原理图

化而变化，比较复杂，此外，空气的压缩性和原材料的粘度也会使喷射液滴的体积精度和一致性难于控制。

2）当流态材料的粘度较小且注射筒内材料较少时，压缩空气有可能穿过流态材料，通过针头喷射至成形工件上，从而在工件上造成缺陷。

图 2-29 是多伦多大学 Chandras 等研制的气压直接驱动型喷头[5]，这种喷头通过电磁阀高速的开、关和三通接头处排气口的排气作用，使高压气体在装有流体的腔内形成压力脉冲，推动流体从腔体底部的喷嘴中喷出，形成微滴。

西北工业大学肖渊等也研制了气压直接驱动型喷头[6]，用这种喷头构成的三维打印机包括以下部分（见图 2-30）：

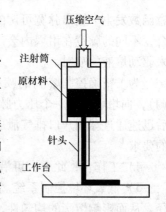

图 2-27　气压直接驱动型喷头

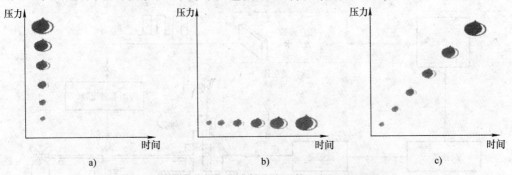

图 2-28　时间/压力对喷射液滴的体积与形状的影响

a）时间不变，压力改变　b）时间改变，压力不变　c）时间和压力均改变

1）熔滴产生器，由坩埚和喷嘴等组成。坩埚用石英玻璃制成，外径为 30mm、内径为 26mm、高为 126mm。

2）加热装置，由电加热元件、热电偶和温控器组成。电加热元件为 400W 环形电阻加热器，热电偶采集坩埚内熔液的温度，并将采集到的温度信号送至温控器，再通过转换器将温度数据送至计算机，以便进行实时监测、控制和存储，保证熔液温度与设定值的偏差为 ±1℃。

3）脉冲气压发生装置，由脉冲发生器、固态继电器、电磁阀和氮气瓶等组成。脉冲发生器通过其中的任

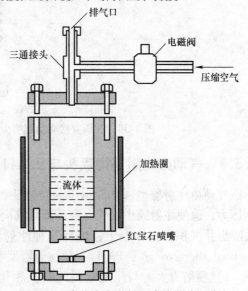

图 2-29　多伦多大学气压直接驱动型喷头

意函数发生卡输出脉宽可调的方波信号，再经过固态继电器控制电磁阀的开启和闭合，不同的脉宽在坩埚内会产生不同的脉冲氮气压，从而使坩埚内产生足够的压力来驱动熔液的喷射。

为了精确控制熔滴的喷射，坩埚上部设有一个和外部相连的球阀（开口可调），向坩埚施加一个压力脉冲时，坩埚中的压力逐渐累积到喷射出一滴熔滴，然后迅速通过球阀开口排气泄压，使喷嘴中的多余熔液回缩，实现按需精确控制喷射的要求。

4）工作台，此平台可沿 X - Y 方向运动。

5）低氧环境控制系统。氧气含量过高会阻止熔液射流断裂并增加熔滴的直径，从而影响熔滴的均匀性，因此将喷头安装在一个低氧环境的封闭腔体中，通过氧含量分析仪表显示当前系统的氧质量浓度，并根据氧质量浓度值向腔体中充入惰性气体，从而使氧质量浓度保持在 $14.2\mathrm{mg/m^3}$ 以下。

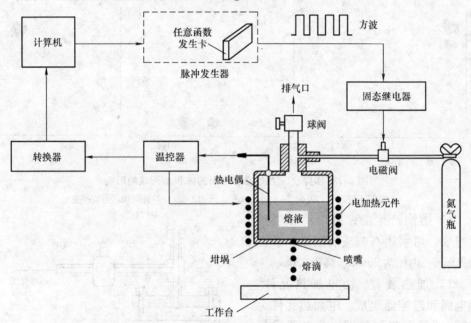

图 2-30　气压直接驱动型喷头组成的三维打印机原理图

2.5.3　气动微注射器型喷头与三维打印机

气动微注射器型（Microsyringe）喷头的原理是（见图 2-31），由压缩空气产生压力，迫使注射筒中的气-液隔离活塞向下运动，推动活塞下部的流态材料由针头喷出并沉积在工作台上，因此这种注射器又称为压力助推微注射器（Pressure Assisted Microsyringe，PAM）。微注射器型喷头的优点：

1）喷射力大。与压电喷墨式喷头相比，这种微注射器型喷头的喷射力大得多，因此，对于相同的喷嘴内径而言，能喷射粘度更大的材料。

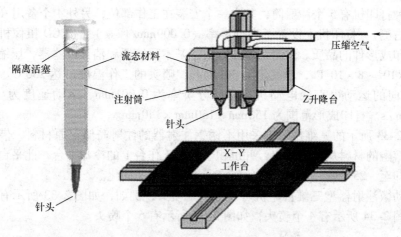

图 2-31　采用气动微注射器型喷头的三维打印机原理图

2）适用材料广泛。可喷射下列有机或无机流态材料：溶液（水溶液、溶剂溶液）、胶体、悬浮液、浆料、熔融体等。

3）流态材料中可含大量的固体微粒而不易堵塞。通常采用压电喷墨式喷头时，流态材料中所含固体微粒的体积不能超过5%；采用微注射器型喷头时，所含固体微粒的体积可达40% ~55%。

4）可方便地改变助推气压，从而改变喷射的材料流量，在成形件上获得变化的材料含量与微孔。

图 2-32 是 EnvisionTEC 公司生产的 3D – BIOPLOTTER 气动微注射器型三维打印

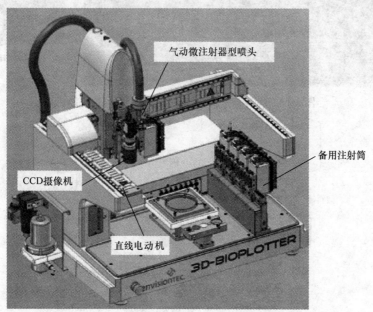

图 2-32　EnvisionTEC 公司的气动微注射器型三维打印机

机，这种打印机有 5 个注射筒，其中一个安装在工作部位，另外 4 个备用（处于打印机的右侧）。打印机上设置了高分辨率（0.009mm/像素）的 CCD 摄像机，用于检测打印成形件的品质。供料系统中设置了基本过滤器和消毒过滤器，压缩空气压力为 $6×10^5 ～8×10^5$ Pa，耗气量为 30L/min，喷头的工作温度可达 250℃。喷头的 X – Y 方向的运动由直线电动机驱动，分辨率为 0.001mm，运动速度为（0.1 ～ 150）mm/s。打印成形范围为 150mm×150mm×140mm。

图 2-33 所示的三维打印机采用不锈钢注射器的注射筒储存原材料，借助氮气使加热熔融的材料从喷嘴喷出，并沉积于移动工作台上的冷却平台，此平台用固态干冰冷却至 -25℃ ～ -15℃，以便使打印成形件快速固化。

气动微注射器型三维打印机可以有多个喷头，例如，如图 2-33 所示有 2 个喷头，如图 2-34 所示有 4 个喷头，如图 2-35 所示有 6 个喷头。

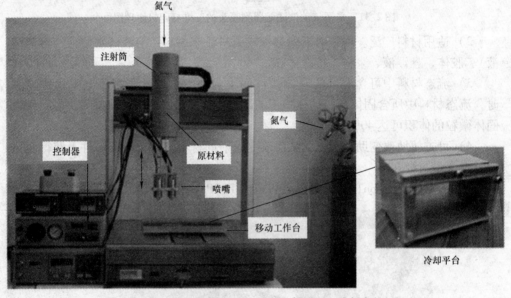

图 2-33　带冷却平台的气动微注射器型三维打印机

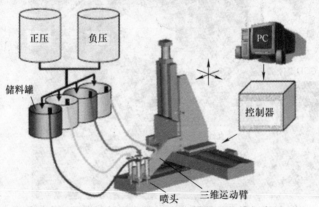

图 2-34　有 4 个喷头的气动微注射器型三维打印机

图 2-35 有 6 个喷头的气动微注射器型三维打印机

本章参考文献〔4〕详细描述了一种气动微注射器型三维打印机的结构和主要技术参数（见图 2-36），图 2-36 中，1 为 4 个注射筒，每个注射筒的体积为 5mL 或

图 2-36 气动微注射器型三维打印机

10mL；2 为 4 通道注射头阵列，在此阵列上还安装了超声波测距仪，用于检测针头与基板之间的距离；3 为安装注射头的 X – Y 水平工作台，用于控制喷射的位置；4 为垂直升降台；5 为与垂直升降台相连的靶台，可沿垂直方向运动；6 为位于靶台上的基板；7 为高速摄像机，用于检测喷射液滴的尺寸（另外还有两个监视工作台运动和打印工件结构的摄像机）；8 为垂直升降台加热器（温度范围为 5 ~ 40℃）；9 为单独的加热/冷却注射筒和注射头。整个打印机处于层流净化罩中，可用于生物材料打印。打印机在气压作用下，通过脉冲信号发生器控制位于注射筒出口的 4 个微型气动电磁阀，可快速选通喷射流道，以便同时喷射 1 ~ 4 种流态材料，材料粘度可高达 200Pa·s，喷射频率可高达 1000Hz；调节输入注射筒的气压和阀的开通时间，可控制喷射单个液滴的尺寸；调节气压可控制喷射液滴的速度。低喷射速度（典型为低于 3m/s）和低工作气压（1 ~ 3psi，1psi = 0.00689MPa）有助于提高生物材料的生存率。

图 2-37 是 EnvisionTEC 公司生产并安装在 Freiburg Materials Research Center（FMRC）的气动微注射器型三维生物打印机。

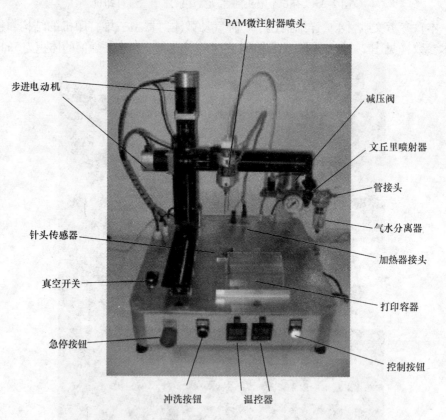

图 2-37　安装在 FMRC 的气动微注射器型三维生物打印机

图 2-38 是上海富奇凡公司生产的采用 4 个气动微注射器型喷头的三维打印机，其中每个喷头的组成见图 2-39。料箱中的液态原材料由液压泵注入储料筒和针筒，因此打印机可连续长时间工作，以便成形大型工件。

图 2-38　富奇凡公司 4 喷头气动微注射器型三维打印机

图 2-40 是上海富奇凡公司生产的另一种气动微注射器型三维打印机，这种打印机有两个微注射器型喷头，其中一个为液流聚焦式单喷嘴式喷头，可使喷射的液滴尺寸大大小于喷嘴的孔径，用于工件轮廓的精确成形；另一个为多喷嘴式喷头，用于工件内壁部的填充，以便提高成形效率。这两个注射器为不锈钢结构，并设有电加热器，可使注射筒中的原材料加热至（250 ± 1）℃。

2.5.4　气动膜片型喷头与三维打印机[5][7]

华中科技大学张鸿海等研制的气动膜片型喷头见图 2-41，这种喷头包括储料

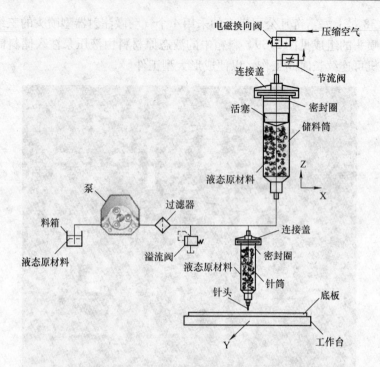

图 2-39 富奇凡公司气动微注射器型三维打印机原理图

图 2-40 富奇凡公司双喷头气动微注射器型三维打印机

腔、节流装置、圆形不锈钢隔膜、喷嘴、电磁阀和排气口等部分。气动膜片型喷头的喷射过程如下（见图 2-42）：

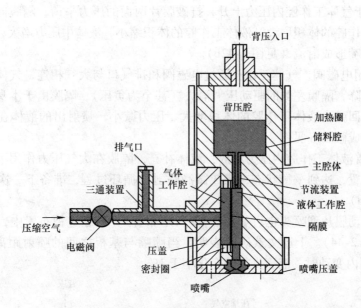

图 2-41 气动膜片型喷头一

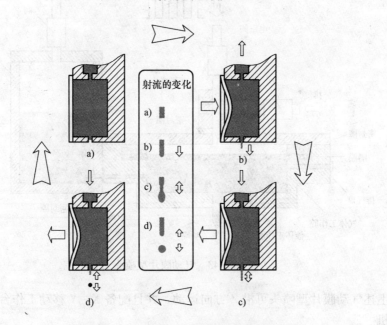

图 2-42 气动膜片型喷头的喷射过程

a）压缩空气进入气体工作腔　b）气体工作腔的体积增大，液体工作腔的体积缩小

c）气体工作腔排气，液滴分离　d）复位

1）发出脉冲信号，开启电磁阀，压缩空气经过电磁阀进入气体工作腔，腔内压力上升（见图 2-42a）。

2）由于气体工作腔内压力上升，打破膜片两面的压力平衡，隔膜向右挠曲变形，气体工作腔的体积增大，液体工作腔的体积缩小，液体中压力增大，使一部分液体通过喷嘴形成射流（见图 2-42b）。

3）关闭电磁阀，气体工作腔通过电磁阀和排气口与大气相连，气体工作腔内气压快速下降，隔膜左侧的驱动压力消失（甚至为负压），隔膜由于本身的弹性作用快速向左回弹，液体工作腔的体积增大、压力减小，喷射出的液体在喷嘴处颈缩、分离形成微滴（见图 2-42c）。

4）随着液体工作腔内压力释放，液体补充，隔膜在大气压力作用下，最终回复到初始位置，达到平衡状态，完成微滴喷射的循环过程，准备下一次喷射循环（见图 2-42d）。

上述气动膜片型喷头也可如图 2-43 所示布置[8]，在这种布置中，采用玻璃喷嘴（见图 2-44）。上述文献研究表明，当喷嘴与基板之间的喷射距离在 0.2 ~ 2.2mm 范围内变动时，液滴直径的变化小于 1%。

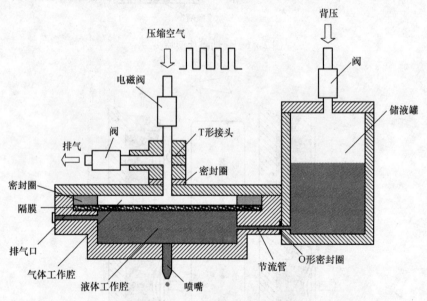

图 2-43 气动膜片型喷头二

上述气动膜片型喷头可沿 Z 方向运动，并且配备 X – Y 移动工作台可组成三维打印机。

2.5.5 气动雾化型喷头与三维打印机

三维打印机上采用气动雾化型喷头有两种不同的用途：

1）雾化成形原材料，即使成形原材料成为含有足够高固相微粒容积比（简称"高固相比"）、粘度适中的均匀流体，用户不必自行配备材料悬浮液就能方便地通过喷头喷射微粒材料。

2）细化喷射液滴，扩大喷射范围，即缩小喷射液滴的体积，扩大液滴能覆盖的喷射角，使成形材料快速、均匀地填充成形工件的大面积内壁区域，提高成形效率。

按照产生雾化作用的部位，气动雾化型喷头可分为以下两种：

图 2-44　玻璃喷嘴

1）雾化作用产生于与喷头相连接的上游雾滴发生器。

2）雾化作用产生于喷头本身结构中。

下面是几种气动雾化型喷头与三维打印机的实例。

1. Optomec 公司气动雾化型喷头与 Aerosol Jet 打印机

Optomec 公司生产的气动雾化型喷头和 Aerosol Jet 打印机见图 2-45，这种打印机又称为无掩膜中尺度材料沉积（Maskless Mesoscale Materials Deposition，M^3D）系统[9][10][11][23][24]见图 2-46，其目的是雾化成形原材料，它由以下部分组成：

图 2-45　Aerosol Jet 打印机

（1）雾滴发生器

Aerosol Jet 打印机采用与喷头相连的上游超声波或气压雾滴发生器使原材料雾化。当材料黏度约为 $1 \times 10^{-3} \sim 10 \times 10^{-2} \times Pa \cdot s$ 时用超声波雾化，当材料黏度约为 $1 \times 10^{-3} \sim 1 Pa \cdot s$ 时用气压雾化，当材料中的颗粒尺寸为 $1 \sim 5 \mu m$ 时，可用超声

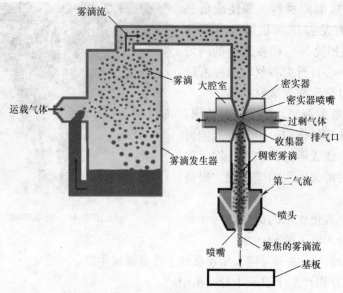

图 2-46 M³D 系统原理图

波雾化或气压雾化。运载气体可以是压缩空气或惰性气体。

（2）密实器

雾滴流通过密实器喷嘴进入大腔室并流向收集器，然后，其中大部分会反向流动，远离收集器，返回大腔室，从而使约 95% 的运载气体从雾滴流中分离并由排气口排出，剩余稠密的雾滴流通过收集器流向喷头。

（3）喷头

喷头为同轴式（见图 2-47），雾滴流从此喷头的上部进口经过内管流向并合腔；

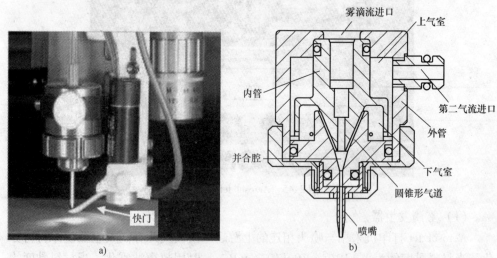

图 2-47 同轴式喷头

a）外观 b）截面图

第二气流（压缩空气或惰性气体）从喷头上部右侧的进口经过上气室、下气室和圆锥形气道流向并合腔。雾滴流在内管中的流速较低；外管中的第二气流的流速较高，此气流在喷嘴的顶部环绕雾滴流（见图 2-48），并从喷嘴下部流出，它使雾滴流避免与喷嘴的管壁接触，并使其聚焦，因此形成狭窄的稠密雾滴流并从喷嘴流出，呈细线状沉积于基板。线宽受第二气流与稠密雾滴流的流速影响，通过第二气流的流速优化可打印出狭窄的线宽。但是，如果第二气流的流速太高，线宽的变化不再明显；如果第二气流的流速太低，它会和雾滴流混合而导致较宽的低密度喷射线。改变喷

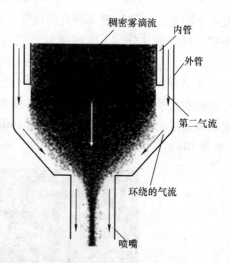

图 2-48　喷头中的气流

嘴出口处的内径也可调节线宽，$100 \sim 300\mu m$ 是出口内径的可用范围。沉积的线宽可缩小至喷嘴出口内径的 1/10，当采用高银含量（$>70\%$ 质量分数）的雾滴墨水和 $100\mu m$ 的喷嘴出口时，沉积的线宽可小于 $10 \sim 20\mu m$。

图 2-47a 中的自动控制快门用于快速阻隔喷嘴射出的雾滴流，避免喷嘴停止喷射时的"流涎"现象，确保打印工件上无多余的沉积材料。

（4）激光束

可用附加的激光束烧结沉积物，也可用系统之外的加热炉烧结成形的工件，采用激光烧结时只加热沉积物，不会影响基板。

在 Aerosol Jet 打印机上也可设置多喷头（见图 2-49），雾滴流从喷头上部进口

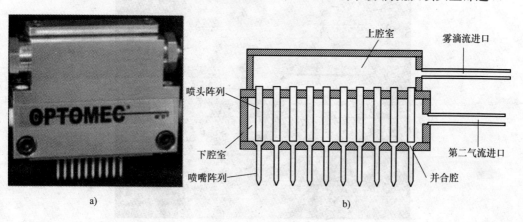

a)

图 2-49　多喷嘴喷头

a）外观　b）原理图

流入上腔室，再通过喷头阵列的内管流至并合腔；第二气流从喷头下部进口流入下腔室，再流至并合腔，雾滴流和第二气流在此腔并合后流向喷嘴阵列，形成喷射阵列。

　　M^3D 系统工作时，沉积头与基板之间的距离约为 $1\sim5\mathrm{mm}$。由于喷射的雾滴流有长焦距特征，因此 M^3D 能将材料精确地沉积至平面或曲面基板上，而无须调整沉积头高度。M^3D 的打印速度可达 $100\mathrm{mm/s}$，能在平面或曲面基板上成形非常小（小至 $10\mu\mathrm{m}$）的结构（见图 2-50）。M^3D 能用的原材料广泛（金属、聚合物、陶瓷、

a)

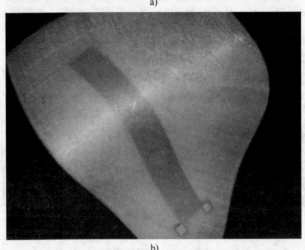

b)

图 2-50　Aerosol Jet 打印机在曲面基板上打印工件
a）正在打印的喷头　b）打印的应变片

粘结剂、生物材料等），能使这些材料沉积在任何材料的表面（如硅、玻璃、塑料、金属、陶瓷、聚酰亚胺、聚酯等）。

2. 华中科技大学研制的雾化沉积直写装置

图 2-51 是华中科技大学曾晓雁等研制的一种电子浆料雾化沉积直写装置[12][25]，其中采用了与喷头相连的上游雾滴发生器使原材料雾化，所采用的浆料黏度可达 5Pa·s 或更大。在其雾滴发生器中，雾化腔的外面设有加热装置，用于预热雾化腔内的浆料，使较大黏度的浆料也能顺利雾化，通常预热温度为 30 ~ 80℃。由于气喷嘴出口的内径很小（0.2mm 左右），会产生较大的气流速度，此气流带走液喷嘴（内径 0.5mm）前端的气体，在液喷嘴前端口形成负压（小于其周围环境的气压），位于雾化腔底部的浆料在此压差的作用下，沿着浆料导管流至液喷嘴的出口，并在高速气流的作用下雾化为小雾滴，所产生的雾化物在气流的作用下向上运动，大雾滴在自身重力作用下减速运动并最后落回雾化腔，中小粒径的雾滴在气流的作用下向引导管口运动。引导管口采用锥形或其他下端面较大的结构，以增加气雾混合物的接受面积，使更多的雾化物由引导管口流出雾化腔。液喷嘴与引导管口之间的距离 H 对于沉积液滴直径有很大的影响，应根据所需沉积线宽确定，H 值越大，则雾化后回落到雾化腔的液滴越多，能够沿引导管口流出的液滴直径越小，所能沉积的线宽越小（可达 10μm），沉积膜层的致密度越高，但是沉积效率也越低。泄压腔内有共轴线的上、下对接管，并且上对接管的直径小于下对接

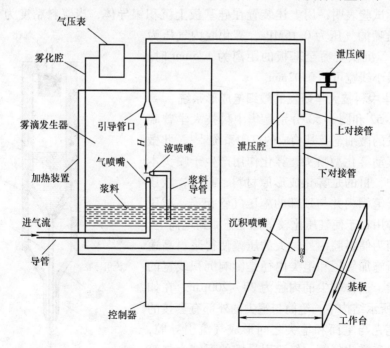

图 2-51　雾化沉积直写装置

管的直径，从而增加了下对接管对雾化液滴的承接面积和进入沉积喷嘴的概率。当雾化液滴通过泄压腔的上对接管进入下对接管时，大部分气流从对接喷管逸出，存储在泄压腔内，从下对接管流出的雾化液滴浓度加大，经沉积喷嘴聚焦后喷射在基板表面上，只有一小部分雾化液滴在气流的横向作用下飞离对接喷管，沉降在泄压腔并回收重复利用。

泄压腔中的气体可由泄压阀排至大气，泄压阀开启越大，单位时间内从泄压腔内排出的气体越多，会使下对接管内雾化浆料的流速缓慢、雾化浆料含量高。雾化浆料的流速较低时，直写时对基材的冲击作用较小，利于形成精细导线。雾化浆料中浆料成分含量较高时，有利于形成密实的浆料层。但是，泄压阀的开启不能过大，过大的泄压量对直写结果有以下不利影响：

1) 导致在排出雾化浆料流中多余气体的同时，会将部分雾化浆料排出到泄压腔之外，造成电子浆料的浪费和环境的污染。

2) 导致下对接管内的雾化浆料的流速过低，低流速的雾化浆料容易粘附在管道内壁，造成管道污染甚至堵塞，影响后续雾化浆料在管道内的流通。

3) 流速过低的雾化浆料在流经直写喷嘴时，容易粘附在喷嘴出口，造成喷嘴的堵塞。泄压阀的开启也不能过小。泄压量过小时，雾化浆料中气体成分含量过高，雾化浆料流速大，对基材的冲击作用大，甚至会吹散已经形成的浆料层，导致直写浆料层的宽度大且厚度小。

实际试验表明，用上述装置在硅基板上沉积银导体，当浆料粘度为 2Pa·s，输入气喷嘴的气压为 0.15MPa，雾化腔内气压为 0.02MPa，沉积喷嘴至基板的距离为 1.5mm 时，沉积的最小线宽可达 0.02mm。

3. 华中科技大学研发的微细笔成形系统

图 2-52 和图 2-53 分别是华中科技大学曾晓雁等研发的微细笔及其构成的打印系统[13]，此微细笔为气动雾化型喷头，雾化作用产生于喷头本身结构中，目的是雾化成形原材料，其中，减压装置位于笔帽内并与顶部的施压气管相连，减压装置的作用在于使气压比较平稳地施加到笔筒上，不至于因为储料腔内外过大的压差使得浆料高速喷出。所施加气压和笔尖内径是影响沉积线宽的两个因素，通常笔尖的内径为 20~200μm。在如图 2-52 所示结构中，笔筒与笔尖的外部有套接的笔壳，笔壳与笔筒和笔尖之间形成气流引导腔，笔壳上设有雾化气管，气流引导腔的下端为与笔尖同轴的气嘴，笔尖与气嘴之间的径向间隙为 5~

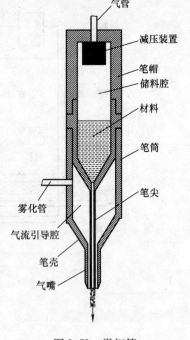

气管
减压装置
笔帽
储料腔
材料
笔筒
笔尖
雾化管
气流引导腔
笔壳
气嘴

图 2-52　微细笔

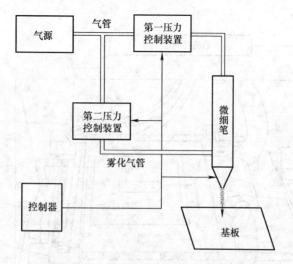

图 2-53 由微细笔构成的打印系统

20μm 左右。雾化气流通过雾化气管进入气流引导腔后，气流与笔筒内的材料（如浆料）分别从气嘴和笔尖同轴喷出，气流在笔尖的下端形成负压区，由于负压和外加气压通过施压气管和减压装置对浆料施加压力，使笔筒内的浆料从笔尖连续均匀流出，并被雾化气流雾化为雾滴，随气流一起下行沉积在基板上。

在如图 2-53 所示的打印系统中，第一压力控制装置与第二压力控制装置可以独立地控制和调节气压和流量。第一压力控制装置通过施压气管与微细笔相连，用于控制施压气管中气流的通断和调节气压的大小，并向微细笔的储料腔中的浆料提供所需压力。第二压力控制装置通过雾化气管与微细笔的气流引导腔相连，用于控制雾化气流的通断和调节气流引导腔内雾化气压的大小。通常笔筒内施加的气压为 0.001 ~ 0.50MPa，气流引导腔内雾化气压为 0.10 ~ 1.0MPa。

4. Solidscape 公司研制的气动雾化型喷头与打印机[27]

Solidscape 公司采用气动雾化型喷头的目的是细化喷射液滴，扩大喷射范围，雾化作用产生于喷头本身结构中，据此构成的打印机（见图 2-54）由成形工件用模型料喷头、牺牲模型料喷头、铣刀、Z 向运动工作台、固定工作台、驱动装置、导轨和系统控制器等组成。其中，牺牲模型料喷头为按需喷射（DOD）的精细喷头，平均液滴直径为 0.076 ~ 0.102mm，喷射频率为 0.5 ~ 15kHz，从喷嘴至打印层的距离约为 2.286mm，打印的线宽约为 0.381mm。这个牺牲模型料喷头用于喷射牺牲模型料（Sacrificial Mold Material），在每一层中打印此层模型图形的轮廓边界线和支撑结构。随后，模型料喷头在上述划定的边界内喷射沉积模型料，实现快速内壁填充。模型料喷头（见图 2-55）为气动雾化型喷头，平均液滴直径为 7.6μm，在温度约 120℃下平均喷射流量约为 2.5pL/s，从喷嘴至打印层的距离约为 19 ~ 32mm，喷射角为 17°，可以覆盖约 3.8mm 的宽度，因此这种雾化式喷头可以提高

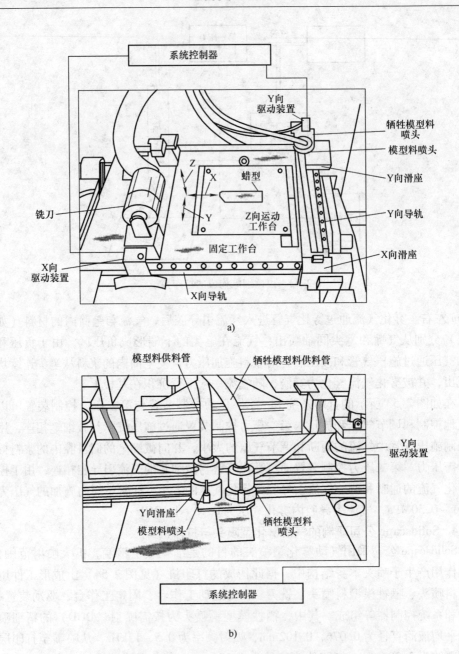

图 2-54 Solidscape 公司三维打印机原理图

a) 正视图　b) 右视图

成形效率，而且喷嘴孔径较大，不易堵塞。为保证打印层高为精确设定值，每层打印之后，铣刀沿 X 向运动，铣平工件模型上表面，切除多余材料。牺牲模型料为

indura Fill 蜡，熔点为 50 ~ 72℃。模型料为 denta Cast 蜡，熔点为 95 ~ 110℃。由于牺牲模型料与模型料的熔点相差较大，因此工件蜡型打印完成后，从打印机上取下蜡型并将其置于 50 ~ 72℃ 热水中，熔化并去除蜡型上的牺牲模型料，可得到所需工件。

如图 2-56 所示是用牺牲模型料喷头和模型料喷头打印工件蜡型的过程，如图 2-57 所示是打印过程中的蜡型截面变化，如图 2-58 所示是两个喷头分别喷射的牺牲模型料和模型料。

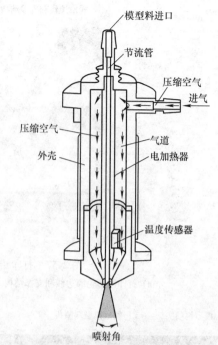

图 2-55　模型料喷头

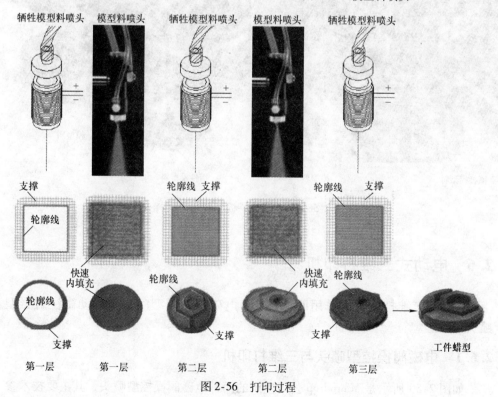

图 2-56　打印过程

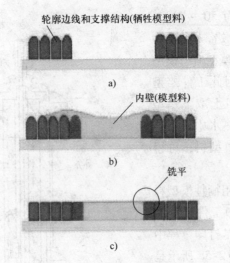

图 2-57 打印蜡型截面变化

a）打印图形轮廓边线和支撑结构 b）快速填充内壁 c）铣平

图 2-58 喷射的牺牲模型料和模型料

2.6 电动式三维打印机

电动式三维打印机常采用两种喷头：电磁阀操控型喷头和电动微注射器型喷头。

2.6.1 电磁阀操控型喷头与三维打印机

如图 2-59 所示是 Microdrop 公司生产的两种电磁阀操控型喷头，其主要技术参数见表2-2。

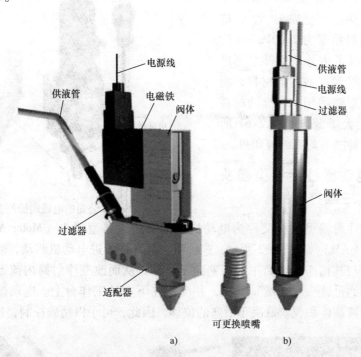

图 2-59　Microdrop 公司电磁阀操控型喷头

a）MJ – K – 303 型　b）MJ – K – 103 型

表 2-2　Microdrop 电磁阀操控型喷头的主要技术参数

	MJ – K – 303 型	MJ – K – 103 型
允许液体粘度/ mPa·s	0.4 ~ 20	0.4 ~ 50
喷嘴内径/ μm	50 ~ 500	50 ~ 500
允许颗粒尺寸/ μm	< 5	< 5
环境温度	室温 ~ 55℃	室温 ~ 60℃
单液滴体积/ nL	300	50
平均喷射速度（m/s）	≈10	≈10
最大工作压力/ hPa	3500	3500
最大复现频率/ Hz	≈16	≈100
最小开启时间/ ms	10	3
最大流量（mL/s）	2	2
工作电压（DC）/ V	12	12
外形尺寸/ mm	宽52，高58，ϕ11	ϕ10，高53
使用寿命	10×10^6次	$>50 \times 10^6$次

如图 2-60 所示是 nScrypt 公司
研制的电磁阀操控型喷头[28]，这
种喷头可喷射粘度为 1000Pa·s 的
流体，其喷嘴的内外表面都呈圆锥
形，有利于喷射高粘度的材料，而
且与一般管形喷嘴相比，推动材料
所需压力大大降低，如图 2-61 所
示是采用这种喷头的三维打印机。

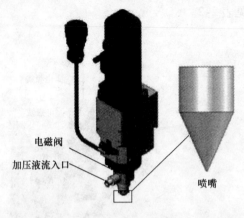

图 2-60　nScrypt 公司的电磁阀操控型喷头

2.6.2　电动微注射器型喷头与三维打印机

电动微注射器型喷头又称为电动机助推微注射器型喷头（Motor Assisted Microsyringe，MAM）如图 2-62 所示，这种喷头由直线步进电动机驱动，通过电动机的螺杆迫使与其相连注射筒中的活塞向下运动，从而改变注射筒内流态材料的体积，使材料通过针头（喷嘴）射出，并沉积在下方的工作台上。电动微注射器型喷头的喷射液滴体积仅仅取决于活塞的位移，因此，可予以精确控制，特别是对于

图 2-61　nScrypt 公司采用电磁阀操控型喷头的三维打印机

粘度较大的材料，可实现连续喷射、按需喷射或单液滴喷射。但是，对于粘度很低的材料，难于实现单液滴喷射，这是因为步进电动机虽然可按很小的步距运动并使活塞有微小位移，然而一旦推压很低粘度流态材料后，由于材料运动的惯性较大，即使步进电动机立即反转向上运动，少量材料还会继续从喷嘴射出，产生"流涎"现象，因此对于粘度很低的材料，不能精确地实现单液滴喷射，只能喷射液滴串。

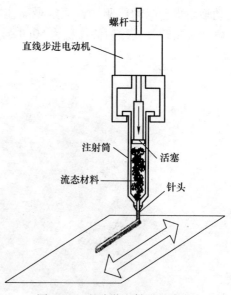

图 2-62　电动微注射器型喷头

采用电动微注射器型喷头时，可方便地改变助推步进电动机的转速，从而改变喷射的材料流量，但是应注意电动机转速 n、喷嘴出口流速 v_n 和工作台运动速度 v_x、v_y 的匹配。由于喷头喷射时，喷嘴出口处材料的流量为

$$Q = \frac{\pi}{4} d^2 v_n$$

式中　v_n ——喷嘴出口处的材料流速，单位为 cm/s；

　　　d —— 喷嘴的内径，单位为 cm。

此流量 Q 由步进电动机通过螺杆推动活塞下方的流态材料产生：

$$Q = \frac{\pi}{4} D^2 \frac{n}{60} s$$

式中　Q ——喷射材料的流量，单位为 cm^3/s；

　　　D —— 活塞的直径，单位为 cm；

　　　n ——步进电动机的转速，单位为 r/min，

　　　s ——螺杆的导程，单位为 cm。

因此

$$\frac{\pi}{4} D^2 \frac{n}{60} s = \frac{\pi}{4} d^2 v_n$$

即

$$v_n = \frac{1}{60} n s \left(\frac{D}{d} \right)^2$$

此喷嘴出口处的材料流速 v_n 应与工作台运动速度 v_x、v_y 相适应，通常三者应近似相等。当喷射的材料为熔融聚合物时，流速 v_n 通常选为小于 1cm/s。

图 2-63 和图 2-64 分别是美国 Cornell 大学研制的 Fab@ Home Model 1 和 Fab@ Home Model 2 三维打印机，这种打印机采用电动微注射器型喷头，X 、Y 和 Z 三个

运动轴用步进电动机驱动，额定最高速度为 25mm/s（1600 步/s）。喷头用直线步进电动机驱动，其注射筒体积为 50mL 或 10mL。

a)

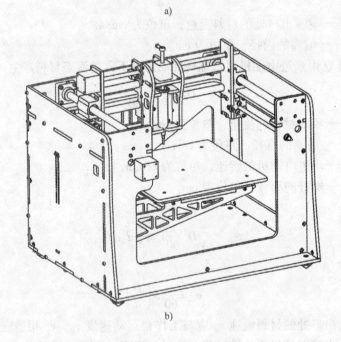

b)

图 2-63　Fab@ Home Model 1 三维打印机

a）外观　b）结构示意图

图 2-64　Fab@ Home Model 2 三维打印机

图 2-65 是富奇凡公司生产的电动微注射器型双喷头三维打印机。图 2-66 是这

a)　　　　　　　　　　　　　　　　　　b)

图 2-65　富奇凡公司电动微注射器型双喷头三维打印机

a) 整机外观　b) 喷头

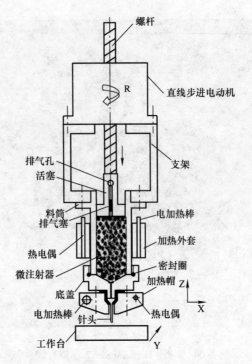

图 2-66　富奇凡公司电动微注射器型喷头原理图

种打印机采用的喷头原理图，它有如下特点：

1）适用成形原材料广泛，可以喷射用户自行设计或选择的由聚合物、金属或陶瓷等构成的溶液（水溶液或溶剂溶液）、胶体、悬浮液、浆料或熔融体。

2）喷头中设有加热装置，能根据需要通过加热改变原材料的粘度，以便获得所需喷射性能的流体。喷头中还设有排气孔，能有效地清除原材料中混入的气体，确保成形品质。

3）喷头为全不锈钢结构，喷射推力大，性能稳定，能喷射高粘性材料和含有强溶剂的材料。

4）料筒易于清洗，可方便地更换其中的成形原材料。

5）喷嘴不易堵塞，可快速、方便地进行拆卸、清洗和安装。

6）打印机运行时，可实时在线调整喷头的加热温度、喷射流量和移动速度，以及工作台的移动速度，以便优化成形工艺。

2.7　电流体动力喷射式三维打印机[14][15][16][17][18][19][20][21][22]

电流体动力喷射式（Electrohydrodynamic jet，E – jet）三维打印机的喷头工作原理如图 2-67 所示，这种喷头基于电流体动力学原理，其工作过程如下：在注射

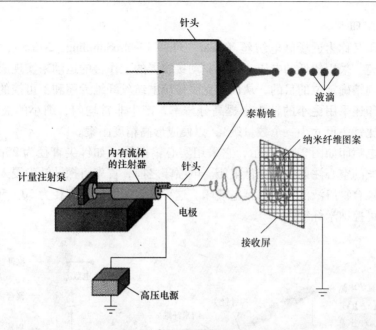

图 2-67 E-jet 喷头工作原理图

器的针头和接地的接收屏之间施加上几千至几万伏的高压静电，此电场力作用于针头（喷嘴）中流体的表面并在表面产生电流，相同的电荷相斥导致电场力与流体的表面张力方向相反。当这两个力的大小相等时，带电的液滴将悬挂在针头的末端并处于平衡状态；随着电场力的增大，在针头末端呈半球状的液滴被拉伸成圆锥状（称为泰勒锥）；当电场力超过临界值后，克服液滴的表面张力形成射流，此射流射向接收屏并被电场拉伸，在接收屏上形成纳米纤维图案。

E-jet 是用强电场力使流体从微喷嘴拉出，可采用较大孔径的喷嘴产生极细的射流，喷印分辨率不受喷嘴直径的直接影响，能在喷嘴不易堵塞的前提下，实现亚微米级、纳米级分辨率的图案化，因此近年来有很大的发展，形成了电喷印、电纺丝和电喷涂等 3 种喷印方式（见表2-3），其区别主要在于，针头与接收屏两个电极之间的电压和距离，以及材料的性质。

表 2-3　E-jet 喷印方式及其常见特性参数

喷印方式	电压/kV	电极距离/mm	主要材料	成形图案
电喷印	0.5~3	0.5~3	聚合物，掺杂纳米材料的复合材料	点和离散线
电纺丝	1~10	10~50	聚合物，掺杂纳米材料的复合材料	纤维（连续线）
电喷涂	15~30	100~250	各种材料	薄膜

1. 电喷印

电喷印又称为近场静电纺丝（Near – Field ElectroSpinning，NFES），它通过缩短电极距离、采用较低的电压，以及驱动接收屏的工作台的运动来实现成形过程的控制，达到精确定位的目的，从而能克服传统电纺丝纤维无序和不可控的缺点。同时，电喷印还采用更小的针头来提高分辨率，产生非常均匀、细小的液滴（液滴尺寸至少比针头尺寸小一个数量级），以便成形高精度图案。

常见电喷印如图 2-68 所示，它采用实心钨探针（如针尖直径为 25μm）代替传统电纺丝的空心注射针并降低电压。电喷印之前，首先将探针针尖浸入聚合物溶液，蘸取聚合物溶液然后再进行电喷印。这种电喷印能成形直径为 50 ~ 500nm、排列有序的可控纳米纤维。

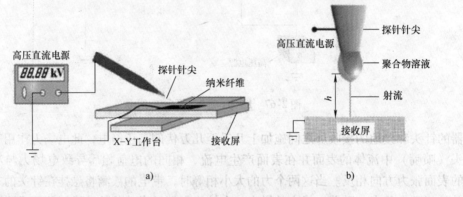

图 2-68　采用探针的电喷印

a）打印机原理图　b）探针与接收屏

图 2-69a 是用探针的电喷印成形的直径为 300nm 的单条纳米纤维图案；图 2-69b 是接收屏的运动速度为 20cm/s 时成形的两条纳米纤维图案，彼此相距 25μm[18]。当接收屏的运动速度较小时，电喷印成形的纳米纤维呈螺旋状。

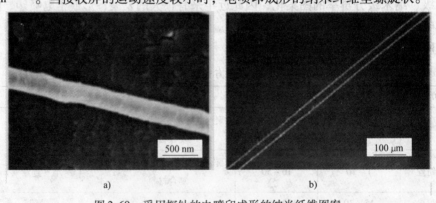

图 2-69　采用探针的电喷印成形的纳米纤维图案

a）单条纳米纤维　b）两条纳米纤维

电喷印也可采用空心注射针（如内径为 232μm，通常为 0.1 ~ 1mm）[15]，当电极距离为 2 ~ 10mm 时，可成形线宽为 1 ~ 8μm 的微米结构。而且线宽随接收屏速度和聚合物溶液浓度的增大而增大。调节接收屏运动速度可使成形的平行微米结构间距控制在 100 ~ 180μm 之间。图 2-70 是接收屏的运动速度为 1.7m/s 时得到的微米纤维图案（线宽为 3.203μm）。

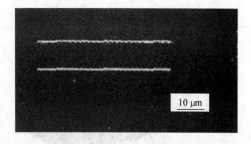

图 2-70 采用空心注射针的电喷印成形的微米纤维图案

本章参考文献［22］中指出，电喷印也可采用内径为 0.3 ~ 30μm 的空心玻璃喷嘴（针头），该文献作者据此制作了适合研究用的台式电喷印机（见图 2-71），此打印机由喷头部件、数控 X – Y 工作台、手动旋转工作台、基板部件和视觉系统等组成。

图 2-72 是喷头部件的结构，其中，注射器的玻璃注射筒和针头的外表面涂覆了金属，以便导电。用快速锁扣机构固定注射器，以便于快速装拆。在喷头部件中还可设置手动转架（见图 2-73），以便在其中安装多个注射器，每个注射器中装填不同的"墨水"。

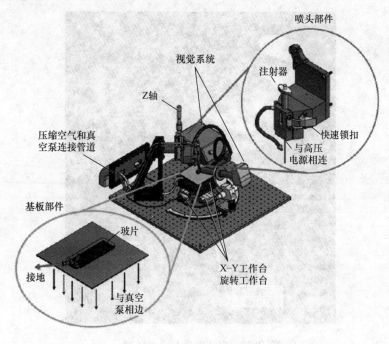

图 2-71 台式电喷印机

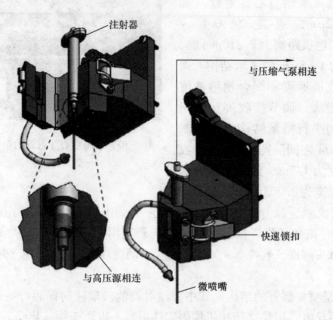

图 2-72　喷头部件

图 2-73　多注射器与手动转架

图 2-74 是基板部件结构，其中，沉积喷射墨水的玻片表面涂覆了金属，以便导电，此玻片借助真空吸力贴附于 X – Y 工作台上。

图 2-75 是台式电喷印机的图片。相关参考文献的试验参数见表 2-4。

图 2-76 是电喷印图案，从此图可见，与压电喷墨式打印相比，电喷印有更高的分辨率。

电喷印时，为进一步提高定位沉积和形貌控制水平，可采用微图案化基底（Pattern Substrate）作为接收屏[16][19]。本章参考文献 [16] 中指出，电喷印过程中，带有

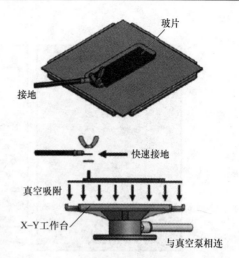

图 2-74　基板部件

图 2-75　台式电喷印机图

表 2-4　台式电喷印机试验参数

墨水	甘油水溶液
喷嘴内径	5μm
压缩空气压力	1.7kPa
喷印图形尺寸	1mm ×1mm
喷印速度	0.39mm/s
电压	418V

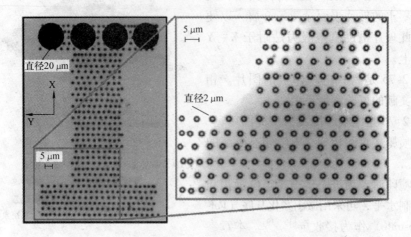

图 2-76　电喷印图案

正电荷的射流或纳米纤维受空间电场分布的影响具有朝微图案表面运动的趋势，从而可实现在图案化基底上的精确定位沉积。例如，当基板上有直径 1.6μm、深度 2μm 的圆形微台阵列图案并且接收屏的运动速度为 30cm/s 时，可使直径为 100 ~ 800nm 的纳米纤维精确定位沉积于圆形微台阵列图案的上方（见图 2-77）。

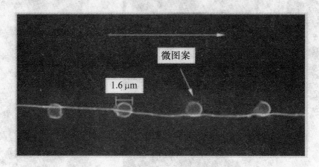

图 2-77　沉积的纳米纤维定位于圆形微台阵列图案的上方

当接收屏的运动速度为 35cm/s 并采用如图 2-78 所示的正方形微图案（边长 10μm、深度 5μm）和圆形微图案（直径 10μm、深度 5μm）时，可喷印直线状纳米纤维 α 与纳米纤维 β，两纤维相距 14μm。其中，纤维 α 与微图案相距 5μm，纤维 β 横跨于两个微图案的上方。

当接收屏的运动速度为 20cm/s 且运动方向与宽度 5.15μm、深度 5μm 的条形微图案平行时，受空间电场分布的影响，条形微图案对纳米纤维沉积具有良好的导向性和约束性作用，微图案将引导纳米纤维沿图案上表面跟随沉积（见图 2-79），相比于无图案基底时纳米纤维分布区域宽度有明显减小。

本章参考文献［17］中的相关研究进一步表明，电喷印纤维总是趋于沿电场

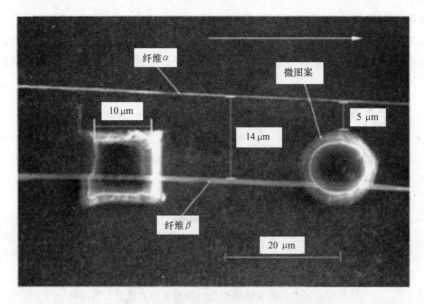

图 2-78　两个微图案对于沉积纤维的影响

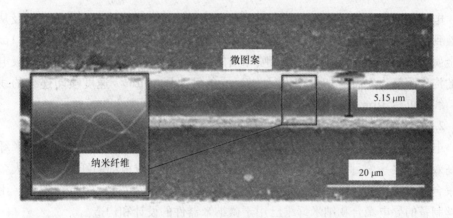

图 2-79　条形微图案对纳米纤维沉积的导向和约束作用

线的方向运动，接收屏对电喷印纤维形态结构的形成有重要影响，通过改变接收屏的形状、材料、结构等，可以制备出不同形貌结构的图案化微纳米纤维膜。例如，用几种网孔结构的导电模板和绝缘模板作为接收屏，能得到不同的静电场电力线分布（见图 2-80），其中，图 2-80a 是用普通导电铝箔作为接收屏时的电力线分布，得到的纤维没有固定的取向。图 2-80b 是用图案化金属片（即导电网孔模板）作为接收屏，由于金属片上有很多规律排列的孔洞，这些孔洞会改变静电场的分布，电力线会避开金属片上的孔洞，向金属部分（金属格子）集中，在静电场力作用下的纳米纤维，也将会尽量避开金属孔洞，向金属格子运动并沉积在上面。这样，就有可能制备和收集屏图案一致的图案化纳米纤维膜。图 2-80c 是用固定在铝箔上的绝缘尼龙网格作为接收屏，有尼龙格子的地方会减小电场强度，排斥掉部分电力线，电力线会避开绝缘的尼龙格子，向尼龙网格的孔洞部位集中，形成结核，小部分纤维横跨在尼龙格子上，连接起各个纤维结核。上述实例表明，纤维的聚集形态是可以调控的。

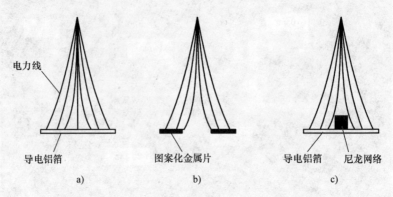

图 2-80　导电模板和绝缘模板对静电场电力线分布的影响

a）接收屏为导电铝箔　b）接收屏为图案化金属片　c）接收屏为尼龙网格

电喷印适用的材料范围非常广泛，包括从绝缘聚合物到导电聚合物，以及从悬浮液到单壁碳纳米管溶液等，可用于制作电路和功能晶体管（特征尺寸可达 $1\mu m$）的金属电极、互连导线和探针点。喷印出的 Au 电极线宽为 $2\mu m$，源极和漏极电极间的沟道距离为 $1\mu m$。如果用内径为 $2\mu m$ 的针头以 $10\mu m/s$ 速度喷印连续的线图案，线宽可达 $3\mu m$；如果用内径 $1\mu m$ 的针头，线宽可达到 700nm。

2. 电纺丝

电纺丝（Electrospun）如图 2-67 所示，它被公认是制造亚微米乃至纳米纤维的高效技术之一，目前已有 100 多种材料成功地被电纺成极细的纤维，其中大多数是聚合物、无机物，以及掺杂纳米材料（纳米管、纳米颗粒）的复合材料，用电纺丝制备的导电聚合物纳米纤维已用于微纳米器件的设计和构造。

3. 电喷涂

电喷涂（电雾化）是指用电场将液滴雾化，通常采用含有纳米粒子的溶胶/凝胶溶液，其粘度往往高于传统喷印的墨水。电喷涂可用于处理特殊溶液，如沉积 PZT 薄/厚膜、利用溶胶/凝胶溶液前驱物沉积金属等。电喷涂具有以下优势：

1）生成的液滴尺寸极小（可达 10nm），近似于均匀分布。

2）可通过调节流速和电压控制液滴的尺寸。

电喷涂中相同尺寸的粒子具有相似的热动力学状态，可得到较其他方法更均匀的薄膜，目前电喷涂已用于生产 15nm 厚的有机薄膜。

电喷涂通常采用直接喷涂喷嘴和萃取喷嘴两种模式（见图 2-81），后者在针头和基板之间增加一个环形电极，以免由于基板电极损伤造成薄膜的不均匀性。

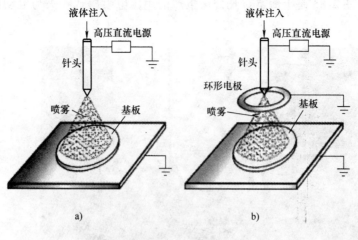

图 2-81 电喷涂
a) 采用直接喷涂喷嘴 b) 采用萃取喷涂喷嘴

图 2-82 是用电喷涂制作 OLED 显示器薄膜的打印机[14]，其中，喷嘴的直径为 20μm，电极距离为 40mm，电源电压为 5kV，喷涂薄膜的厚度为 10~200nm。

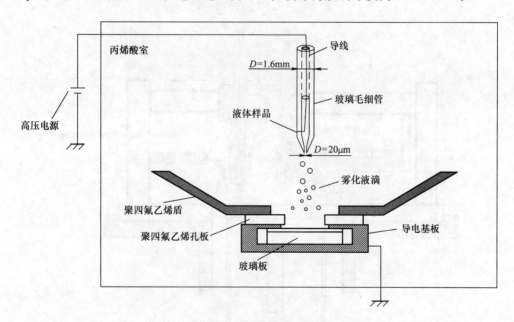

图 2-82　用电喷涂制作 OLED 显示器薄膜的打印机

2.8　混合式三维打印机

为充分发挥各种喷头的优势，可将几种喷头混合使用，构成混合式三维打印

机。例如，图2-83是上海富奇凡公司生产的用压电喷墨式喷头与电动微注射器型

a)

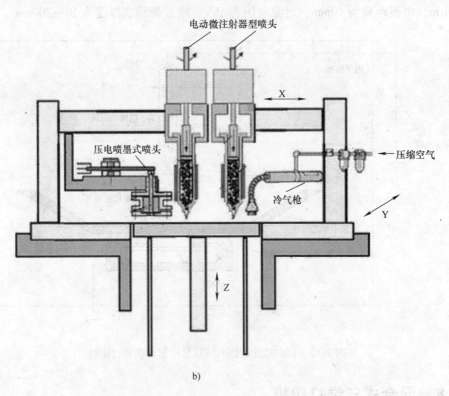

b)

图 2-83 富奇凡公司的混合式三维打印机

a) 外观 b) 原理图

喷头组成的混合式三维打印机，这种打印机上还设置了冷气枪，以便冷却固化正在打印成形的工件。

图 2-84 是新加坡国立大学在 SONY4 轴机器人基础上研制的用电动微注射器型（MAM）喷头与气动微注射器型（PAM）喷头组成的混合式三维打印机[26]，其左侧喷头为 MAM 型喷头（见图 2-85a），右侧为 PAM 型喷头（见图 2-85b）。运动定位精度为 0.05mm，最小步距分辨率为 0.014mm，注射器的最小流量可精密控制至 0.5μL/s。

图 2-86 是用 3 个 PAM 型喷头和 1 个 MAM 型喷头组成的混合式三维打印机[29]。

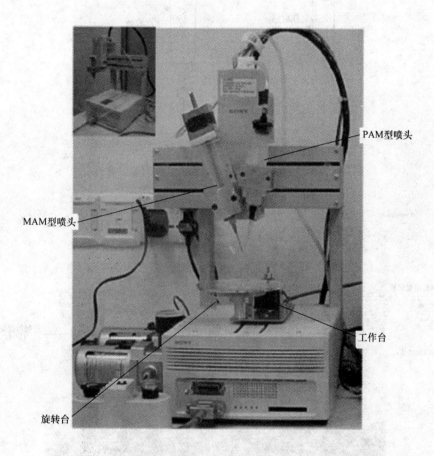

图 2-84　用 MAM 型喷头与 PAM 喷头组成的混合式三维打印机

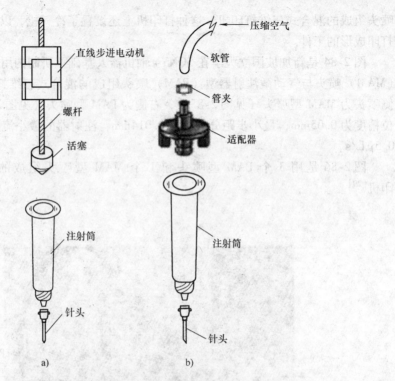

图 2-85　混合式三维打印机上的微注射器型喷头

a）MAM 型喷头　b）PAM 型喷头

图 2-86　用 3 个 PAM 型喷头和 1 个 MAM 型喷头组成的混合式三维打印机

2.9 工程设计用三维打印机

工程设计用三维打印机的特点:

1) 外形美观,结构紧凑,操作简单。

2) 原材料供应方便,价格适中。

3) 适合于普通办公室环境下使用(见图2-87)。

4) 成形件尺寸较小,打印的平面范围一般相当于 A4 纸的幅面尺寸。

5) 打印成形件精度与打印效率有足够高的要求,以便满足工程设计的需要。

图2-87 办公室使用的三维打印机

目前工程设计用三维打印机主要有以下几种:

(1) HP 公司的 Designjet 三维打印机

惠普(Hewlett – Packard,HP)公司经过相当长时间的调研后,与美国快速成形机制造公司——Stratasys 公司合作,于 2010 年 4 月推出了 Designjet 3D Personal Printer 工程设计用三维打印机(见图2-88),这种打印机采用熔融挤压(FDM)自由成形工艺。

(2) Stratasys 公司的 Dimension 三维打印机

图2-89 是 Stratasys 公司生产的 Dimension 三维打印机,它采用熔融挤压自由成形工艺。

图 2-88　HP 公司的 Designjet 三维打印机

图 2-89　Stratasys 公司的 Dimension 三维打印机

（3）Z Corporation 公司的 Zprinter 三维打印机

图 2-90 是 Z Corporation 公司于 2010 年 7 月推出的 Zprinter 150 三维打印机，它采用喷墨粘粉自由成形工艺。

图 2-90 Z Corporation 公司的 Zprinter 150 三维打印机

（4）Objet Geometries 公司的 Objet 三维打印机

图 2-91 是 Objet Geometries 公司于 2010 年 12 月推出的 Objet 24 三维打印机，它采用压电喷墨式喷头喷射光敏树脂的自由成形工艺。图 2-92 是该公司近期推出的 Alaris 30 台式三维打印机。

图 2-91 Objet Geometries 公司的 Objet 24 三维打印机

图 2-92 Objet Geometries 公司的 Alaris 30 三维打印机

(5) Solido 3D 公司的三维打印机

图 2-93 是 Solido 3D 公司于 2009 年 5 月生产的 SD300 Pro 三维打印机，它采用激光切割塑料膜的自由成形工艺。

图 2-93 Solido 3D 公司的 SD300 Pro 三维打印机

2.10　简易实验用三维打印机

简易实验用三维打印机的特点:

1)结构简明、坚实。

2)成形材料便宜(通常用塑料丝材)。

3)软件系统为开放式,便于使用、普及与提高。

4)打印成形件精度与打印效率要求不高。

目前简易实验用三维打印机主要有以下几种:

(1)MakerBot Industries 公司的 Thing – O – Matic 三维打印机

图 2-94 是 MakerBot Industries 公司生产的 Thing – O – Matic 三维打印机,它采用熔融挤压式喷头(见图 2-95),成形范围为 120mm × 120mm × 110mm,定位精度为 0.1mm,可用材料为 PLA、ABS 丝材(直径 1.75mm),设备重量为 8kg。图 2-96 是这种打印机的电子控制系统布置原理图。

图 2-94　MakerBot Industries 公司的 Thing – O – Matic 三维打印机

a)

b)

图 2-95　熔融挤压式喷头

a) 侧视图　b) 正视图

（2）Bits From Bytes（UK）公司的 BFB 3000 plus 三维打印机

图 2-97 是 Bits From Bytes（UK）公司生产的 BFB 3000 plus 三维打印机，它采用熔融挤压自由成形工艺。2011 年 10 月，3D Systems 收购了此公司。

（3）PP3DP 公司三维打印机

图 2-98 是 PP3DP 公司 2010 年 7 月生产的 Personal Portable 3D Printer，它采用熔融挤压自由成形工艺。

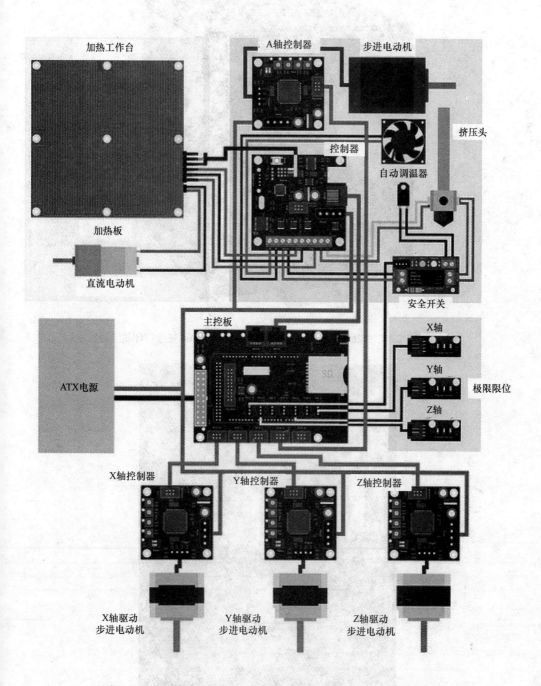

图 2-96 Thing－O－Matic 三维打印机的电子控制系统布置原理图

图 2-97　Bits From Bytes 公司的 BFB 3000 plus 三维打印机

图 2-98　PP3DP 公司的三维打印机

2.11　学生学习用三维打印机

学生学习用三维打印机的特点：

1）机械与电气控制硬件为模块式结构，便于选用和组装。

2）软件系统为开放式，便于使用、普及与提高。

3）购置成本与运行成本低廉。

4）打印成形件精度与打印效率要求较低。

目前学生学习用三维打印机主要有以下几种：

（1）Bath 大学的 RepRap 三维打印机

2005 年英国 Bath 大学机械工程系的 Adrian Bowyer 博士提出 RepRap（Replicating Rapid prototyper）的概念，并且在 2007 年推出 Darwin 三维打印机，2009 年推出 Mendel 三维打印机，这种打印机结构简单，尽可能采用标准零部件，软件为开放系统，价格低廉，因此是一种 DIY（Do – It – Yourself，自装式）三维打印机，很适合于三维打印技术的初级学习与普及（见图 2-99）。

图 2-99　用 RepRap 三维打印机进行教学

图 2-100 和图 2-101 分别是两种型号的 RepRap 三维打印机，X、Y 和 Z 轴由步进电动机驱动，X 和 Y 轴由齿形皮带传动，Z 轴由滚珠丝杠传动，可使用的成形材料为 ABS 丝材、聚乳酸和类似的热聚合物丝材。

（2）Printrbot 三维打印机

Printrbot 三维打印机（见图 2-102）据称能在 45 min 内完成装配，2h 内打印成形件。

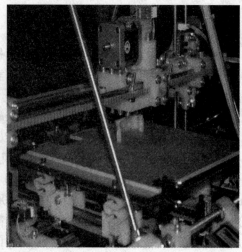

图 2-100 RepRap 三维打印机一

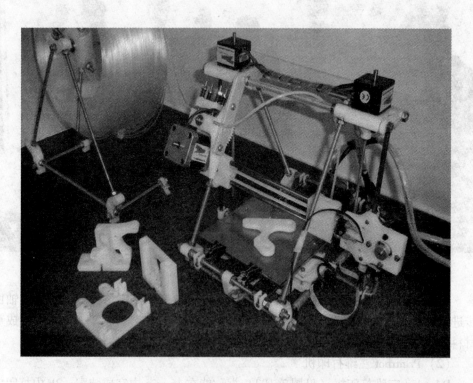

图 2-101 RepRap 三维打印机二

图 2-102 Printrbot 三维打印机

参 考 文 献

[1] 王运赣. 快速成形技术 [M]. 武汉：华中科技大学出版社，1999.

[2] 王运赣，张祥林. 微滴喷射自由成形 [M]. 武汉：华中科技大学出版社，2009.

[3] 高辉. 压电陶瓷微滴喷射快速成型工艺与控制的研究 [D]. 兰州：兰州理工大学材料科学与工程学院，2010.

[4] Bradley R Ringeisen, Barry J Spargo, Peter K Wu. Cell and Organ Printing [M]. London：Springer, 2010.

[5] 舒霞云. 气动膜片式金属微滴喷射理论与实验研究 [D]. 武汉：华中科技大学机械科学与工程学院，2009.

[6] 肖渊，齐乐华，黄华，等. 气压驱动金属熔滴按需喷射装置的设计与实现 [J]. 北京理工大学学报，2010，30 (7)：780-784.

[7] 张鸿海，舒霞云，肖峻峰，等. 气动膜片式微滴喷射系统原理与实验 [J]. 华中科技大学学报，2009，37 (12)：100-103.

[8] Dan Xie, Honghai Zhang, Xiayun Shu, et al. Multi-materials drop-on-demand inkjet technology based on pneumatic diaphragm actuato [J]. Science China, 2010, 53 (6), 1605-1611.

[9] Obliers B, Fischer A, Willeck. Single and Multi-Layer Conductive Patterns Fabricated using M3D Technology [R]. Stuttgart, HSG-IMAT, 2008.

[10] Hedge M, Renn M, Kardos M. Mesoscale Deposition Technology for Electronics Applications [R]. Nuremberg：MTP, 2005.

[11] B King, M Renn. Aerosol Jet Direct Write Printing for Mil-Aero Electronic Applications [R]. Albuquerque：Optomec, Inc. , 2008.

[12] 华中科技大学. 一种电子浆料雾化沉积直写装置：中国，200610019527. 4 [P]. 2006 -

06 – 30.

[13] 华中科技大学. 一种直写电子/光电子元器件的微细笔及由其构成的装置: 中国, 200610019740.5 [P]. 2006 – 07 – 27.

[14] 尹周平, 黄永安, 布宁斌, 等. 柔性电子喷印制造: 材料、工艺和设备 [J]. 科学通报, 2010, 55 (25): 2487 – 2509.

[15] 郑高峰, 王凌云, 孙道恒. 基于近场静电纺丝的微/纳米结构直写技术 [J]. 纳米技术与精密工程, 2008, 6 (1): 20 – 23.

[16] 李文望, 郑高峰, 王翔, 等. 电纺直写纳米纤维在图案化基底的定位沉积 [J]. 光学精密工程, 2010, 18 (10): 2231 – 2238.

[17] 龙云泽, 刘抗抗, 曹珂, 等. 静电纺丝法制备图案化微纳米纤维薄膜 [J]. 青岛大学学报, 2009, 22 (3): 33 – 36.

[18] Daoheng Sun, Chieh Chang, Sha Li, et al. Near – Field Electrospinning [J]. Nano Letters, 2006, 6 (4): 839 – 842.

[19] Gaofeng Zheng, Wenwang Li, Xiang Wang, et al. Precision deposition of a nanofibre by near – field electrospinning [J]. Jornal of Physics D: Applied Physics, 2010, (43): 1 – 6.

[20] R H M Solberg. Position – controlled deposition for electrospinning [D]. Eindhoven: Department Mechanical Engineering, Eindhoven University of Technology, 2007.

[21] Matthew C George, Paul V Braun. Multicompartmental Materials by Electrohydrodynamic Cojetting [J]. Angew. Chem. Int. Ed. 2009, (48): 2 – 6.

[22] Kira Barton, Sandipan Mishra, K Alex Shorter, et al. A Desktop Electrohydrodynamic Jet Printing System [J]. Mechatronics , 2010 (20): 611 – 616.

[23] Matthias Hörteis, Ansgar Mette, Philipp L Richter r, et al. Further Progress in Metal Aerosol Jet Printing for Front Side Metallization Silicon Solar Cells: Proceedings of the 22nd European Photovoltaic Solar Energy Conference, Milano, September 3 – 9, 2007 [C]. Milano, EPSEC, 2007.

[24] Optomec Design Company. Apparatuses and Methods for Maskless Mesoscale Material Deposition: US, 7485345 [P]. 2009 – 2 – 3.

[25] 王小宝. 微喷和微喷/激光复合直写导体关键技术的研究 [D]. 武汉: 华中科技大学物理电子学, 2007.

[26] Geng Li, Feng Wei, Dietmar W Hutmacher, et al. Direct Writing of Chitosan Scaffolds Using a Robotic System [J]. Rapid Prototyping Journal, 2005, 11 (2): 90 – 97.

[27] Wigand, John Theodore , Winey III, et al. Method and Apparatus for Fabricating Three Dimensional Models. United States Patent, 7 700 016, April 20, 2010.

[28] B Li, T Dutta Roy, C M Smith, et al. A Robust True Direct – Print Technology for Tissue Engineering: Proceedings of the 2007 International Manufacturing Science And Engineering Conference, Atlanta, 2007 [C]. Atlanta, MSEC, 2007.

[29] Cynthia Miller Smith. A Direct – Write Three – Dimensional Bioassembly Tool for Regenerative Medicine [D]. Tucson: Faculty of the Biomedical Engineering, University of Arizona, 2005.

第3章　生物医学中的三维打印自由成形

3.1　口腔修复体三维打印成形

3.1.1　口腔金属修复体蜡型打印成形

当人体牙列缺损、缺失或牙体缺损后，需要设计和制作口腔修复体（Dental Restoration），使患者恢复咀嚼功能。金属修复体在口腔修复体中占有相当大的比例，如金属牙冠（Metal Crown，见图3-1）、内冠（Inner Coping），以及固定桥与可摘局部义齿的金属支架（Framework）等。这些修复体的形状精细、复杂，要求相当高（通常误差必须控制在微米级）。下面以可摘局部义齿的金属支架（见图3-2）为例，阐述其传统制作方法与三维打印自由成形技术的不同。传统制作方法主要包括以下步骤：

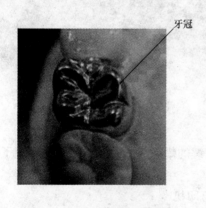

牙冠

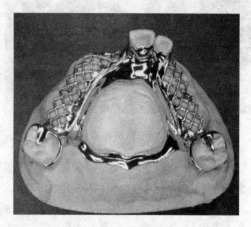

图3-1　金属牙冠　　　　　　　　　　图3-2　义齿金属支架

1）用印模材料提取患者的口腔印模。
2）用石膏灌注印模，获得石膏凸型。
3）用石膏凸型复制琼脂凹模，再灌制磷酸盐耐火材料形成复制模。
4）在复制模上制作义齿支架的蜡型。
5）用包埋材料对蜡型进行包埋，再焙烧、除蜡。
6）浇注熔化金属，再经打磨、抛光得到金属支架。
上述工序中蜡型的制作最为困难，完全由技工用手工滴熔化蜡（见图3-3）和贴成品蜡件（蜡片、蜡网等，见图3-4）来完成，而且还要在蜡型上用熔化蜡添加铸道（见图3-5）。上述传统制作方法的工序烦琐复杂，周期长，效率低，精度难以保证，过度依赖高等级技工。

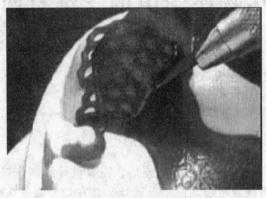

图3-3　滴熔化蜡

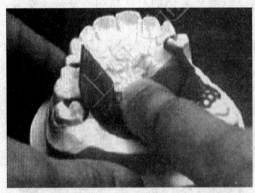

图3-4　贴成品蜡件

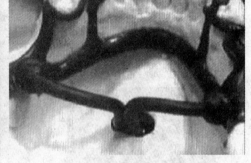

图3-5　添加铸道

为解决口腔金属修复体传统制作方法中关键的蜡型成形问题，近年来出现了口腔金属修复体蜡型直接打印成形的方法。

1. Cynovad 公司的三维义齿修复体蜡型打印机[6]

图3-6是加拿大Cynovad公司用于义齿修复体数据采集和蜡型制作的Pro50数字制造系统，此图的左部是用于数据采集的光学扫描机（Pro50 Scanner），中部是义齿CAD计算机（内有Pro50软件），右部是WaxPro型三维义齿修复体蜡型打印机（ThermoJet Solid Object Printer）。

上述系统工作过程如下：

（1）病人牙齿模型数字化

用Pro50光学扫描机对病人牙列的石膏模型进行扫描，得到数字化模型。此扫描机一次可同时扫描多达24个模型。

图 3-6　Cynovad 公司用于义齿修复体数据采集和蜡型制作的数字制造系统

（2）修复体 CAD 设计

在计算机上用 Pro50 软件设计义齿修复体，此软件包含了数据库，可进行临床用修复体的参数管理和自动推荐，技师可通过其蜡型编辑工具干预修复体的设计。

（3）修复体蜡型的直接三维打印成形

用 WaxPro 三维打印机制作蜡型（见图 3-7 和图 3-8），这种打印机适合于烤瓷熔附金属全冠（Porcelain–Fused–Metal crown，PFM）的内冠和可摘局部义齿支架

图 3-7　WaxPro 打印成形的内冠蜡型

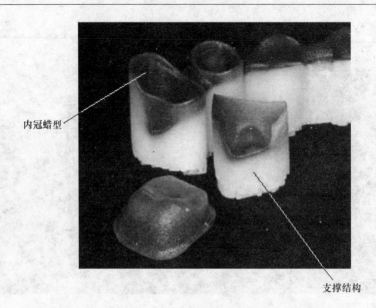

内冠蜡型

支撑结构

图 3-8　成形的内冠蜡型和支撑结构

的蜡型制作，在其工作台上能同时打印 24 件蜡型，打印时间约 1.5h（与蜡型数目无关），最高生产率为 150 件/工作班（约为人工生产率的 12.5 倍）。打印时，喷头首先沉积支撑结构蜡，然后沉积成形蜡。打印出的内冠蜡型的内壁非常清晰，壁厚一致。实用过程表明，工件蜡型重制率可降至 0.5%（一般要求 2%）。这种打印机也可打印出预先设计好的铸道，使制作更为方便。

2. Solidscape 公司的三维义齿修复体蜡型打印机

　　美国 Solidscape 公司（原名 Sanders Prototype）生产的 preXacto 系列 D66（见图3-9）和 D76（见图3-10）三维义齿修复体蜡型打印机采用两个喷头，其中一个喷

图 3-9　Solidscape D66 三维义齿修复体蜡型打印机

头用于喷射成形蜡材，另一个喷头用于喷射支撑蜡材，X-Y 方向的打印分辨率为 5000×5000dpi，这些蜡材在储料盒中熔化为液态，每层打印之后用铣刀切除多余的蜡材（见图 3-11），确保 Z 向高度符合成形层高的要求。铣削产生的蜡屑由真空装置吸除，并存于设有过滤器的收集器中。蜡型成形后，可通过熔化或溶解去除支撑蜡材。成形层高最小可达 0.0127mm，最小特征尺寸可达 0.254mm，表面粗糙度 Ra 可达 $0.8 \sim 1.6\mu m$。所用成形蜡材 dentaCast wax 的熔点为 $95 \sim 110℃$，蜡型弯曲强度为 $1.7 \times 10^3 psi$（$1psi = 6.895kPa$），弯曲模量为 $4.7 \times 10^5 psi$，密度为 $1.25g/cm^3$（23℃）。

图 3-10　Solidscape D76 三维义齿修复体蜡型打印机

图 3-12 是 Solidscape D66 和 Solidscape D76 打印机采用的蜡材，图中左边是成

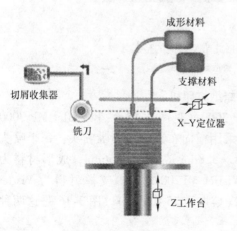

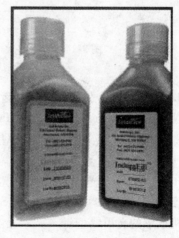

图 3-11　Solidscape 三维义齿修复体
蜡型打印机原理图

图 3-12　Solidscape D66 和 SolidscapeD76
打印机采用的蜡材

形用蜡粒（DentaCast），右边是支撑用蜡粒（Indura Fill），熔点为 50～72℃。图 3-13 是这种打印机打印成形的牙冠蜡型和支架蜡型，图 3-14 是打印的牙冠蜡型和据此蜡型铸造的金属牙冠。

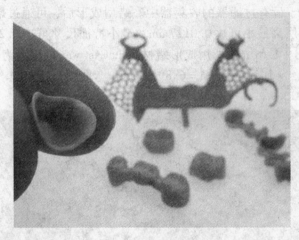

图 3-13　Solidscape D66 和 Solidscape D76 打印成形的牙冠蜡型和支架蜡型

a)　　　　　　　　　　　　　　　b)

图 3-14　打印的牙冠蜡型和据此蜡型铸造的金属牙冠

a) 牙冠蜡型　b) 铸造金属牙冠

3. 3D Systems 公司的三维义齿修复体蜡型打印机

美国 3D Systems 公司生产的 ProJet DP 3000（见图 3-15a）和 ProJet MP 3000（见图 3-15b）三维义齿修复体蜡型打印机采用横向布满的多喷嘴喷头，每个喷头有 96 个喷嘴，X－Y 方向的分辨率为 328×328dpi 或 656×656dpi，成形材料为 VisiJet DP200 紫外光固化丙烯酸树酯和 VisiJet MP200 塑料，支撑材料为 VisiJet S100 蜡（熔点为 60℃）和 VisiJet S200 蜡（熔点为 55～65℃）。图 3-16 是这两种打印机成形的义齿蜡型。

图 3-17 是 Missouri－Rolla 大学用 Sanders Prototype 公司生产的 Model Maker 6Pro 打印机成形的种植体上部结构支架的蜡型和据其铸造的金属件。

a)　　　　　　　　　　　　　　b)

图 3-15　3D Systems 三维义齿修复体蜡型打印机

a）ProJet DP 3000　b）ProJet MP 3000

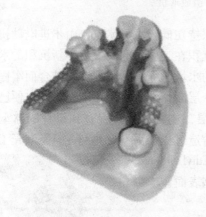

图 3-16　3D Systems 打印机成形的义齿蜡型

3.1.2　口腔金属修复体冰型打印成形[6]

快速冻结成形（Rapid Freeze Prototyping，RFP）可用于制作冰型，以便取代传统牙齿修复体熔模铸造所需的蜡型，这种工艺使用的冻结式自由成形机如图 3-18 所示。

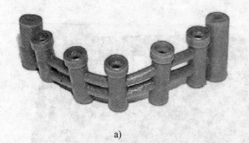 

a) b)

图 3-17 打印成形的种植体上部结构支架的蜡型和铸造的金属件

a）蜡型 b）铸造金属件

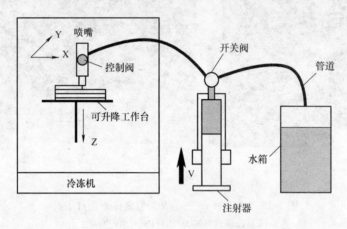

图 3-18 冻结式自由成形机

在这种成形机上，用冷冻机使成形环境保持在低于水的冰点，由步进电动机驱动的注射器经过喷嘴使纯水或着色水射出并沉积在工作台的底板上，新沉积的水因低温环境和前一层冰面接触而冷却，使沉积的水快速冻结并因氢键的结合而牢固地粘结于前一层上，一层成形后，喷嘴上升一个层高，经过一段预定的时间以便已沉积的水完全凝固，然后再沉积水，成形下一层，重复上述过程直到设计的冰型完成。用冰型进行熔模铸造的过程与蜡型熔模铸造过程几乎没有差别，只是制壳工序应在低温环境下进行，而且需用硅酸乙酯（Ethyl Silicate）粘结剂为基的酒精作为脱模剂，以便隔离冰型表面。

图 3-19 是用冰型铸造而成的金属内冠。

3.1.3 口腔陶瓷修复体直接打印成形

口腔全瓷修复体强度高，颜色和层次感好，生物相容性极佳，代表了无金属化修复的主流趋势，将逐步取代金属修复体，成为 21 世纪牙科修复的发展方向。现在临床常用的全瓷材料有 IPS Empress 铸造陶瓷和 In – Cream 氧化

图 3-19 用冰型铸造的金属内冠

铝渗透陶瓷，由于这些材料的脆性较大，强度不高，仅能用于单冠、贴面和前牙三单位桥体的修复。氧化锆是近年来受到广泛关注的结构陶瓷材料，其强度和韧性好，被称为"陶瓷钢"，特别是纳米级氧化锆陶瓷，它可使烧结温度降低、耐蚀性进一步增强，烧结后能获得很高的机械强度（可达 1200MPa）。20 世纪 90 年代，牙科开始采用纳米氧化锆陶瓷，但该材料成形困难，通常需先采用冷等静压工艺将纳米氧化锆预成形为瓷块，然后用 CAM 技术对瓷块进行切削成形，获得所需的口腔陶瓷修复体（牙冠、桥）。用上述方法制作的修复体价格昂贵，难以普及，为此出现了以下口腔陶瓷修复体直接打印成形工艺。

1. 口腔陶瓷修复体的悬浮液喷墨打印成形

本章参考文献［4］的作者在自行改装的 HP DeskJet 930c 打印机上，用按需喷射喷头进行了氧化锆牙冠的直接喷墨打印成形试验。打印机的改装如下：墨盒固定在原有打印机字车上，用原有伺服电动机驱动。清洁系统由超声波液槽（功率为50W）和脱墨滚筒构成。每一打印循环之后，当墨盒回到 X 轴的起点时，喷头自动在液槽中浸泡和清洗。水和酒精的混合物用作清洗液。为避免送纸之后出现卡纸或缺纸等错误信息，设置了纸模拟装置。Z 向伺服电动机用于高度调整，以便成形三维工件。Z 向运动分辨率（即最小步距）为 $\Delta Z = 5\mu m$。干燥装置由以下器件构成：两盏聚光灯（1000W）和一台风扇（用于降低打印区的湿度）。打印区的温度约为 90℃。底板为 4mm 厚的石墨板，工件的切片层高为 5μm，喷嘴内径约为 28μm。

打印墨水为陶瓷悬浮液，由约 27%（体积分数）固含量的氧化锆粉、55% 的蒸馏水、勃姆石溶胶（Boehmite Sol）和分散剂组成。其中，勃姆石溶胶用于防止陶瓷颗粒结块和提高生坯件强度。蒸馏水的 pH 值为 2.0，在 80℃ 下加入勃姆石溶胶。在溶胶中加入 3%（摩尔分数）的氧化钇（Yttria），以便使氧化锆粉局部稳定。陶瓷粉的平均粒度为 90nm，比表面积为 $7m^2/g$。粉材的容积密度为 6.05g/cm^3。悬浮液的 pH 值为 8.5。

打印成形的生坯件首先置于 80℃ 的室式干燥器中 12h，然后在 550℃ 的炉中去除有机添加剂，再使工件在 1450℃ 下烧结 2.5h。烧结后试样的密度为理论密度的 96.9%，等方性收缩（Isotropic Shrinkage）为 20%（体积分数）。磨削棒（Ground Bar）的特征强度（Characteristic Strength）$\sigma_0 = 763$MPa。图 3-20 是打印成形的陶瓷牙冠的咬合面（Occlusal Surface）。直接打印成形陶瓷件的壁厚可小至 100μm，强度可高达 1200MPa。

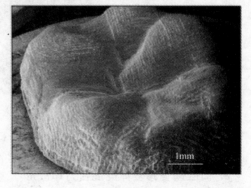

图 3-20　直接打印成形的陶瓷牙冠的咬合面

本章参考文献［4］的作者称，在今后的研发中将采用先进三维打印机，这种打印机最重要的特点是，喷印时若有喷嘴突然堵塞，喷头能立即移至清洗装置处，在此处堵塞的喷嘴能重新打通，并使打印过程继续。而且，这种先进打印机有多个喷头，以便同时打印支撑材料。这样不仅能成形三维修复体的咬合面，而且还能成形具有空腔的整个牙冠和支架。由于干燥或烧结导致的翘曲也是制作陶瓷修复体的一个重要问题，因此，优化干燥过程和采用多阶段烧结工艺，以及先进的修复体三维尺寸设计也是作者进一步研发的课题。

2. 口腔陶瓷修复体的浆料注射打印成形[22]

注射打印成形用陶瓷浆料由粒径小于 $1\mu m$ 的亚微米级陶瓷粉与水混合而成，浆料中固相陶瓷的含量为（35～45）%（体积分数），pH 值为 7.5～9.5。将这种陶瓷浆料置于电动微注射器型三维打印机中，可直接打印成形口腔陶瓷修复体。图 3-21 是本章参考文献［22］的作者用陶瓷浆料打印牙冠的过程，由此图可见，成形过程中无须制作支撑结构。图 3-22 是打印成形的陶瓷牙冠，此图中间是打印完成的陶瓷牙冠生坯件，右边是在 900℃ 加热炉中烧结 5～8min 后的陶瓷牙冠，在牙冠宽度方向的收缩率约为25%，在牙冠高度方向的收缩率约为27%，形状保持良好。

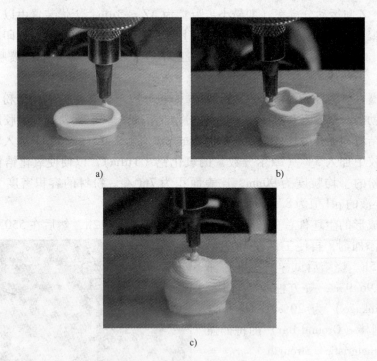

图 3-21　陶瓷牙冠打印过程

a）打印牙冠下部　b）打印牙冠中部　c）打印牙冠上部

3. 口腔陶瓷修复体的混合打印成形

Fraunhofer IPA 和 IKTS 指出，用传统喷墨粘粉式三维打印机成形的陶瓷生坯件

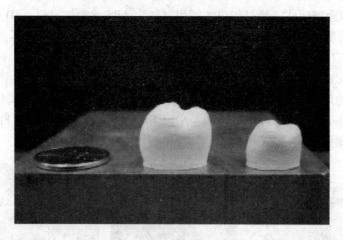

图 3-22 打印成形的陶瓷牙冠

难以达到 95% 的理论密度，因此改用混合打印成形法制作氧化锆义齿。混合打印成形法是指喷墨粘粉式打印成形法和喷墨式打印成形法相结合，即用压电喷墨式喷头向铺设的氧化锆粉层喷射含有氧化锆纳米颗粒的悬浮液，由于悬浮液与粉材之间的相互反应，这种液体不仅能起粘结剂的作用，还能增强成形件的密度和强度。粘结剂成分可以加入悬浮液中，也可加入粉材中。图 3-23 是陶瓷修复体混合打印成形机，图 3-24 是混合打印成形的陶瓷牙冠生坯件。

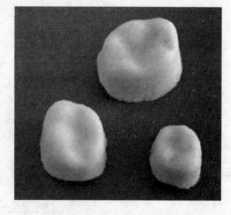

图 3-23 陶瓷修复体混合打印成形机　　图 3-24 混合打印成形的陶瓷牙冠生坯件

3.1.4 口腔颌面赝复体打印成形

1. 义耳成形[11]

本章参考文献 ［11］ 的作者根据义耳的 CAD 设计 （见图 3-25），分别用 Stratasys FDM 和 3D Systems InVision 两种成形机制作义耳模型 （见图 3-26），Stratasys FDM 为熔融挤压式三维打印机，所用材料为 ABS 热塑性材料；3D Systems InVision 为压电喷墨式三维打印机，所用材料为透明光敏树脂。根据义耳的测量尺寸参数（见图 3-27），将上述两种模型与 CAD 模型进行对比，结果表明（见表 3-1）：对于大特征而言，两种模型有相近的尺寸精度；3D Systems InVision 模型在较小特征上有较好的尺寸精度，而且表面光洁度较好。但由于 Stratasys FDM 模型的成本只有 3D Systems InVision 模型成本的一半以下，因此多采用 Stratasys FDM 模型制作义耳。其步骤如下：

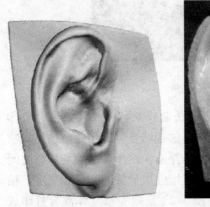

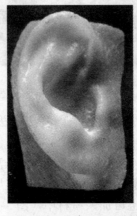

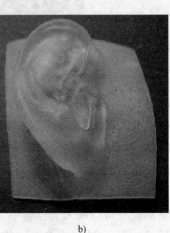

a)　　　　　　　　　　　　b)

图 3-25　义耳的 CAD 设计　　　　　　图 3-26　义耳和模型
a）Stratasys FDM 模型　b）3D Systems InVision 模型

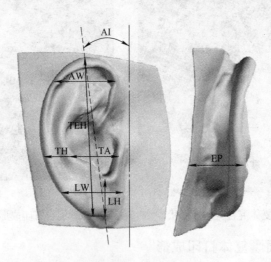

图 3-27　义耳的测量尺寸参数

1）用 Stratasys FDM 成形的模型制作硅橡胶模。

2）将熔化蜡注入硅橡胶模，构成义耳试验蜡型并对其进行评价。

表 3-1　3D Systems InVision 模型和 Stratasys FDM 模型与 CAD 模型的比较

尺寸参数	CAD 模型尺寸/mm	3D Systems InVision		Stratasys FDM		义耳	
		模型尺寸/mm	相对误差①（%）	模型尺寸/mm	相对误差①（%）	尺寸/mm	相对误差①（%）
TEH	57.62	55.70	3.33	56.30	2.30	56.08	2.68
AW	23.80	24.68	3.20	23.70	0.42	23.60	0.84
TA	18.12	17.80	1.77	17.98	0.77	17.74	2.09
TH	31.06	29.96	3.55	29.66	4.50	29.50	5.03
LW	24.06	23.36	2.99	23.20	3.57	22.98	4.48
LH	16.56	16.00	3.38	15.82	4.46	15.62	5.68
EP	18.35	17.75	3.26	17.36	5.39	17.12	6.70
AI	6.02	5.88	2.33	5.72	4.92	5.56	7.66

① 相对 CAD 模型的误差百分数。

3）将义耳试验蜡型作为母模，制作相应的三件式石膏模（Three - piece Mould），如图 3-28 所示。

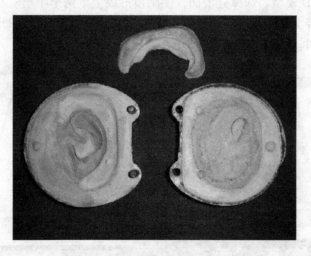

图 3-28　三件式石膏模

4）用石膏模浇注室温硫化（RTV）硅橡胶义耳，去除浇注飞边并抛光，再用染料对硅橡胶义耳进行着色，使其与病人耳部附近的皮肤颜色一致。

5）用医疗级粘结剂将义耳安装于病人缺失部位（见图 3-29）。

2. 鼻赝复体（阴模）**成形**

本章参考文献［5］的作者在其书中探讨了三维打印在颌面赝复体阴模加工中的可行性，具体步骤如下：

（1）建立鼻阴模计算机辅助设计（CAD）模型

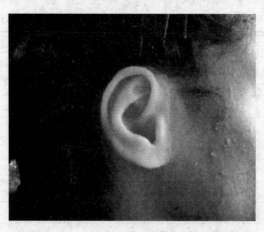

图 3-29　安装在病人缺失部位的义耳

　　选取上海交通大学附属第九人民医院口腔修复科鼻数据库中的一个鼻数字化模型的 STL 格式图形文件，用 Magies RP 软件创建长和宽均为 80mm、高为 50mm 的立方体模型；将其与鼻模型重叠，使鼻模型位于中间，通过布尔运算去除鼻模型，获得鼻阴模 CAD 模型。选择分型面，使阴模形成上下两个半模。在上模的中央位置生成一个直径为 1.2mm 的浇注孔，最终生成鼻阴模的 CAD 图形（见图 3-30）的 STL 格式文件。

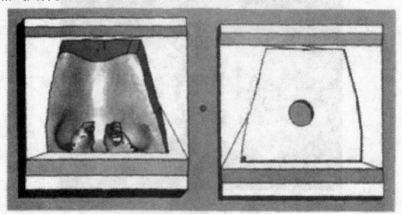

图 3-30　鼻阴模的 CAD 图形

　　（2）制作石膏模型

　　将鼻阴模 STL 图形文件和鼻 STL 图形文件传输至上海富奇凡公司生产的三维打印机中，设置层高为 0.1mm，用超硬树脂石膏粉打印鼻阴模石膏模型和鼻石膏模型（见图 3-31）。

　　（3）制作鼻硅橡胶模型

　　将硅橡胶（Episil, Dreve GmbH, Germany）充填于鼻阴模石膏模型中，置于95℃压力聚合机（Polymax5, Dreve GmbH, Germany）内固化 60min，压力为

图 3-31　鼻阴模石膏模型和鼻石膏模型

0.5MPa。固化完成后冷却开模，去除飞边，得到鼻硅橡胶模型（见图 3-32）。

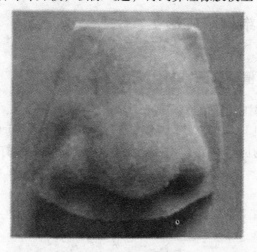

图 3-32　鼻硅橡胶模型

（4）鼻硅橡胶模型与鼻石膏模型的偏差分析

用结构光三维测量系统（精度为 0.03mm），分别扫描鼻石膏模型和鼻硅橡胶模型，用 Surfcaq 软件获得两组点云数据。用 Geomagic studio 软件处理所得数据，选择鼻尖点、鼻根点及左右鼻翼点作为标志点，对两组点云数据进行拼接拟合。用 Imageware 软件处理拼接后处于同一坐标系下的点云数据，进行偏差分析。若石膏模型数据沿硅橡胶模型数据法向突出，则为正偏差；反之则为负偏差。

分析结果表明，鼻硅橡胶模型与鼻石膏模型的正偏差最大值为 0.98mm（在鼻尖区域），负偏差最大值为 -0.64mm（位于鼻小柱区），均值为 0.17mm（见图 3-33）。

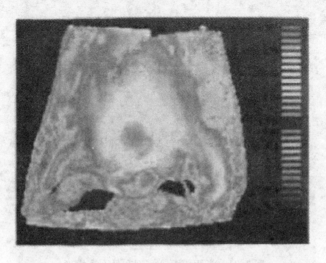

图 3-33　鼻石膏模型与鼻硅橡胶模型的偏差分析结果

3.2　植入体三维打印成形

3.2.1　生物陶瓷植入体三维打印成形

1. 生物陶瓷粉材喷墨粘结打印成形[12]

本章参考文献［12］中以 β - 磷酸三钙生物陶瓷（β - Tricalcium Phosphate Ceramics，β - TPC）为例，说明了陶瓷植入体的粉材喷墨粘结打印成形法（见图 3-34）。

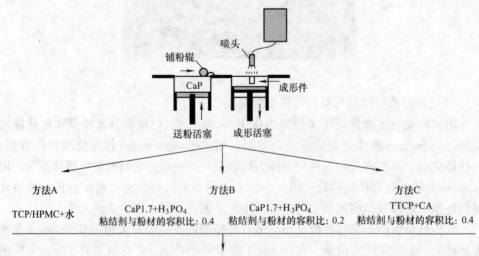

图 3-34　喷墨粘结打印 β - TPC 的方法

β - 磷酸三钙（tricalcium phosphate，TCP）是一种可吸收骨水泥，为不同磷酸钙（CaP）组成的混合物，用喷墨粘结打印这种材料成形陶瓷植入体的方法有以下几种。

（1）方法 A

粉材为 5%（质量分数）羟丙基甲基纤维素（hydroxy propyl methyl cellulose，HPMC）改性的 TCP（Ca/P = 1.5），粘结剂为水。

（2）方法 B

粉材为磷酸钙（calcium phosphate，CaP，Ca/P = 1.7）混合物，粘结剂为 10%（质量分数）磷酸（phosphoric acid，H_3PO_4），粘结剂与粉材的体积比为 0.4或 0.2。

（3）方法 C

粉材为磷酸四钙（tetracalcium phosphate，TTCP，Ca/P = 2.0，用作反应剂）、磷酸二钙（dicalcium phosphate，Ca/P = 1.0）和磷酸三钙（tricalcium phosphate，用作填充剂）的混合物，粘结剂为 25%（质量分数）的柠檬酸（citric acid，CA）。

喷墨粘结打印成形的磷酸三钙生物陶瓷件的性能见表 3-2。

表 3-2 喷墨粘结打印成形的磷酸三钙生物陶瓷件的性能

	压缩强度 /MPa	表观密度 / (g/cm³)	计算孔隙率 (%)	比表面积 / (m²/g)
方法 A：TCP/HPMC + 水	1.2 ± 0.2	—	—	26.1
方法 B：CaP1.7 + H_3PO_4，粘结剂与粉材的容积比：0.4	7.4 ± 0.7	1.33 ± 0.03	56	23.3
方法 B：CaP1.7 + H_3PO_4，粘结剂与粉材的容积比：0.2	3.4 ± 0.6	1.20 ± 0.02	60	
方法 C：TTCP + CA，粘结剂与粉材的容积比：0.4	5.2 ± 1.4	1.19 ± 0.04	61	24.2

2. 骨粉与生物陶瓷粉的混合粉材的粘结打印成形

本章参考文献［10］中提到，为了改善生物陶瓷（如硫酸钙，calcium sulfate）植入体的生物性能，可以在其中添加一些牛骨粉构成混合粉，用于喷墨粘粉式三维打印成形，这种混合粉称为 SCPH，由 80%（质量分数）的硫酸钙和 20%（质量分数）的牛骨粉组成。硫酸钙是骨的主要成分。牛骨类似于人骨的性质和结构，其中含有 HA（羟基磷灰石）、胶原质和整合蛋白质（包括新骨生长的类骨质）。SCPH 混合粉易于被人体吸收，有助于人体产生新骨结构。

牛骨首先被冻干，切割成块，清除其中的骨髓和平滑组织，然后将其浸没在过氧化氢中两天，掩埋在盐中两周，再夹持在车床上（见图 3-35）将上述处理后的牛骨加工成骨粉。

硫酸钙的颗粒尺寸约为 $25\,\mu m$，与骨粉混合后，硫酸钙的颗粒被周围的骨粉粘合，这种混合粉可用于喷墨粘粉式三维打印成形。

图 3-35   夹持在车床上的牛骨

图 3-36 是喷墨粘粉式三维打印成形的 SCPH 钉形植入物，用这种混合粉打印成形的生物陶瓷植入物不需要进行后烧结处理，不会因烧结过程中的高温而伤害整合蛋白质和降低植入物的性能。植入物有 45% 的表观气孔率（Apparent Porosity），有利于血液流过植入物，促进植入物的吸收和新骨生长。

图 3-36   喷墨粘粉式三维打印成形的 SCPH 钉形植入物

3.2.2   功能梯度材料植入体三维打印成形

功能梯度材料（Functionally Gradient Material，FGM）是一种新型非均质复合材料，由多种材料组成，构成的局域要素（组分的组成与分布、微结构、孔隙率、物性参数）可控，并且在特定方向上（如由一侧向另一侧）呈连续（或准连续）梯度变化，从而导致材料的特性和功能也在相应方向上呈连续（或准连续）梯度变化，从而能充分满足工件各部位不同的特性要求，并使多种材料结合界面不明显，缩小或避免因结合部位的性能不匹配因素造成的不利影响。由于功能梯度材料具有上述优良性能，所以在航空航天器件、高性能模具和生物医学等方面有非常重要的应用前景。

现有的功能梯度材料的制备方法都是一些传统的工业方法，操作比较复杂，自动化程度较低，不能按照梯度设计的要求精确有效地控制材料的组分。特别是，目前制备的功能梯度材料一般只能做到单向梯度分布，而难以实现多向梯度分布。

三维打印自由成形能解决上述难题，例如，在如图 3-37 所示的种植牙中，要求种植体（见图 3-38a）由生物金属（Ti 或不锈钢）和生物陶瓷（HA）组成，下端为 100% 的生物陶瓷，上端为 100% 的生物金属，两者之间沿种植体垂直位置 Y 方向具有连续的梯度成分变化，例如，其陶瓷和金属的体积率 V_c 和 V_m 沿垂直 Y

坐标轴方向按以下规律分布（见图3-38b）：

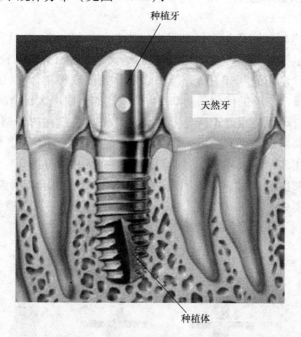

图3-37 种植牙

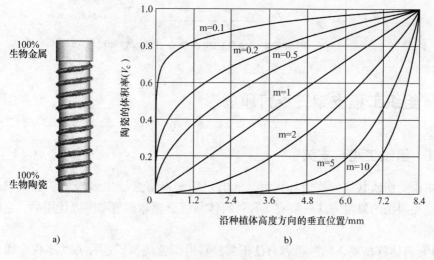

a)   b)

图3-38 种植体及其材料分布

a）种植体 b）材料分布

$$V_c = (y/h)^m$$
$$V_m = 1 - V_c$$

式中　y——沿 Y 坐标轴的垂直位置；

　　h——种植体的高度；

　　m——常数。

　　m 表达沿 Y 坐标轴陶瓷与金属之间成分的变化规律。若 $m=1$，则表示陶瓷与金属的成分变化呈线性关系；若 $m<1$，则表示成分中含有大量陶瓷；若 $m>1$，则表示成分中含有少量陶瓷。有关研究结果表明，为使在种植体/骨组织界面处骨组织中的最大应力最小，*m* 的优化值为 0.5，即陶瓷的体积率大于金属的体积率。

　　多喷头三维打印机能很好地满足上述要求，尤其是微注射器型喷头最为适合，因为它喷射的材料可以是溶液、熔融体、胶体、悬浮液、浆料等多种形态，组分配比无限制，可以用多个喷头喷射不同的组分材料，能在构件的任一指定空间位置，通过改变喷头的喷射流量来方便地实现所需的分布函数要求。例如，在如图 3-39 所示的三维打印机中，用第一个喷头喷射金属悬浮液，用第二个喷头喷射陶瓷悬浮液，即可满足金属 – 陶瓷呈梯度分布的种植体成形要求。

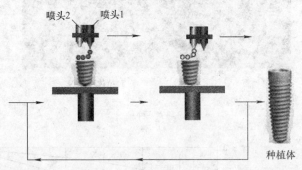

图 3-39　用两喷头三维打印机成形金属 – 陶瓷种植体

3.3　组织工程支架三维打印成形

3.3.1　组织工程与支架

　　由于受伤或其他一些破坏因素，人的组织和器官会发生衰竭或功能丧失。目前，这类损伤的修复方法一般有 3 种：自体移植、异体移植和组织代用品。它们各有弊端：

　　1）自体移植要以牺牲患者自己正常器官组织为代价，这种办法不仅会增加患者痛苦，还因有的器官独一无二而无法做移植手术。

　　2）异体移植最难解决的是免疫排斥反应问题，失败率很高，加之人的异体器官来源有限，供不应求，难以实施，如果采用移植动物器官，同样存在排斥反应，而且还要冒着将动物特有的一些病毒传给人类的危险。

　　3）组织代用品（如硅橡胶、不锈钢、金属合金等）的致命弱点是与人体相容性差，不能长久使用，易引起感染。

因此这些方法都难以真正达到修复或长期替代的效果。

为解决上述问题，出现了组织工程（Tissue Engineering）的概念，其基本原理和方法如图 3-40[13] 所示。首先，在体外制作模仿组织器官形状的多孔支架（scaffold），如图 3-41a 所示，将正常组织的种子细胞播种于支架中（见图 3-41b），再使细胞在支架中成长，形成复合物。这种支架有优良的细胞相容性，用可以被机体降解吸收的生物材料构成，然后，将细胞-支架复合物植入人体组织器官的病损部位，在支架逐渐被机体降解吸收的同时，细胞不断增殖、分化（分别见图 3-41c 和图 3-41d），形成新的并且其形态、功能方面与相应组织器官一致的组织器官（见图 3-41e）。上述方法称为基于支架的组织工程方法（Scaffold-based Approaches）。

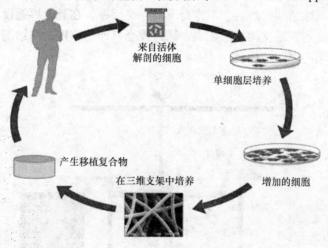

图 3-40　组织工程原理图

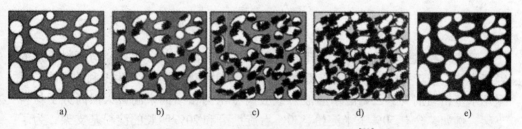

图 3-41　组织工程支架播种细胞后的过程[20]

a）多孔支架　b）播种种子细胞的支架　c）支架降解和细胞成长　d）支架继续降解　e）新组织

组织工程用支架是一种多孔隙三维结构体，它必须有足够小的孔隙（尺寸为 $200\sim500\mu m$）和较高的孔隙率，并且孔与孔之间应相互连通，只有这样细胞植入后才能进入支架的内部，细胞所需的水分、无机盐以及其他营养物质易于渗透，细胞能很好地生长、繁殖，形成的组织有较好的性能。

支架制备方法有许多种，例如，纤维编织/纤维粘结法、溶液浇注/颗粒沥取法、气体发泡法、液 – 液相分离法等，这些方法的共同问题是，难以对支架孔洞的几何形状和大小、孔洞之间的相互连接、孔洞的空间分布形态等进行有效的精确控制，不能满足组织工程对支架的复杂要求，不能使不同的细胞在支架的空间结构中准确定位，为克服上述问题出现了三维打印成形支架技术。

3.3.2　支架喷墨粘粉式打印成形

在铺设的粉材上选择性地打印粘结剂，使粉材一层层粘结、叠加而逐渐形成支架，是目前最常见的一种三维打印方法（见图3-42）[13]。用这种方法制作支架的过程如下：根据计算机设计的支架形貌，在预先铺设了成形支架用粉材的工作台上，喷头沿 X 轴和 Y 轴运行，在粉末的表面选择性地喷射粘结剂，粘结临近的粉材形成支架的二维结构，然后，工作台下降一个层厚，在其上再铺设一层粉材，重复上述过程，直到三维支架成形完成。通过改变打印的速度、粘结剂的流速及喷射位置可调节支架的微观结构。

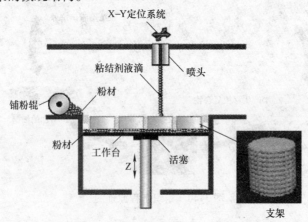

图 3-42　支架喷墨粘粉式打印成形

喷墨粘粉式打印成形的支架孔径较小（常小于 $50\mu m$），且孔径与原料粉末的粒径有关。由于打印过程中的有机溶剂或粘结剂对细胞生长会产生不利的影响，可采用水基粘结剂（聚乙烯醇水溶液）或去离子水为粘结剂来制备天然高分子材料支架，例如，含有 50% 玉米淀粉、30% 右旋糖酐和 20% 明胶的淀粉基支架，为了提高支架的机械强度和耐水性，再将其浸入 75% PLA（聚丙交酯）和 25% PCL（聚乙内酯）的二氯甲烷溶液中。

有机溶剂（如氯仿）用作粘结剂时，干燥一周后，在打印的支架中，有残留 0.5%（即 5000×10^{-6}）的氯仿。根据有关规定，药物中的氯仿允许含量是 60×10^{-6}。为解决上述问题，可以用液态二氧化碳提取三维打印的支架中的氯仿，使其残留量小于 50×10^{-6}。

喷墨粘粉式打印支架的缺点：难于清除支架深处复杂特征的支撑粉材。

图 3-43 是用上海富奇凡公司生产的喷墨粘粉式三维打印机制作的支架，其三维贯通的孔洞尺寸可精确到 0.5mm。

图 3-43　富奇凡公司三维打印机制作的支架

本章参考文献［7］的作者用喷墨粘粉式三维打印机成形树脂模，然后用这种模制作支架，其过程如下：

（1）犬下颌骨的信息采集和三维重建

在 Beagle 犬麻醉后进行 CT 扫描（层厚 0.625mm），并进行三维重建，得到犬头颅 CAD 模型（见图 3-44）和犬下颌骨髁突 CAD 模型（见图 3-45），并将这些模型转化为 STL 格式图形文件。

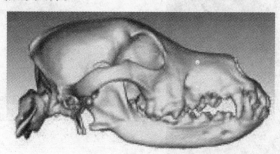

图 3-44　三维重建犬头颅 CAD 模型

（2）三维打印成形树脂模型

将犬头颅的 STL 格式图形文件输入 Z‑Printer 510 三维打印机，以树脂粉为原料，打印出犬颅骨的三维树脂模型（见图 3-46）。

（3）制作犬下颌骨髁突的石膏阴模

将上述树脂模型的下颌骨髁突的下半部分置于半干的石膏中，再用半干的

图 3-45　三维重建犬下颌骨髁突 CAD 模型

石膏包埋树脂模型下颌骨髁突的上半部分，然后在室温下放置 48h，取出树脂模型，得到犬下颌骨髁突的石膏阴模（见图 3-47）。

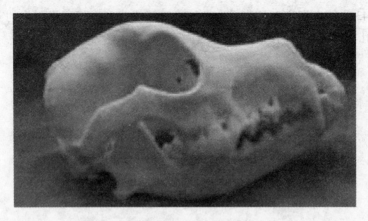

图 3-46　打印成形的犬颅骨三维树脂模型

（4）制作 PGA/PLA 支架

将 60mg PGA（聚乙交酯）丝放入石膏阴模中压实，放置 24h；再将压实后的 PGA 块从石膏阴模中取出，滴加 15g/L PLA（聚乳酸）四氯甲烷溶液，使其充分浸没，室温下暴露于空气中 30min，得到 PGA/PLA 支架（见图 3-48）。

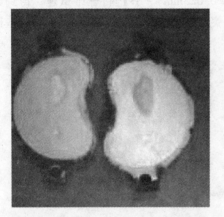

图 3-47　犬下颌骨髁突的石膏阴模　　　　　　　　　　图 3-48　PGA/PLA 支架

（5）PGA/PLA 支架仿真度检测

对制作的 PGA/PLA 支架进行激光三维表面扫描，然后用 Polygon Editing Tool 软件，将扫描数据合成 1∶1 的 STL 格式的三维支架模型；再利用 Rapidform 软件中 Whole Inspection Model 工具对支架模型和 CT 重建的三维模型进行差异度检测。结果表明，54.01% 的测试点误差小于 0.1mm，77.88% 的测试点误差小于 0.3mm，90.26% 的测试点误差小于 0.5mm，94.83% 的测试点误差小于 0.8mm，95.65% 的测试点误差小于 1.0mm。

3.3.3　支架注射式打印成形

由于气动微注射器（PAM）型和电动微注射器（MAM）型三维打印机的突出

优点，现在越来越多的组织工程研究机构采用这两种打印机，实现支架的注射式打印成形。

图 3-49 是一种 PAM 型支架三维打印机的原理图。

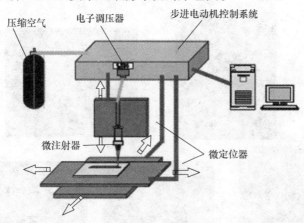

图 3-49　PAM 型支架三维打印机原理图

PAM/MAM 型三维打印机也可采用金属浆料制作支架（见图 3-50）[15]，例如，用喷嘴内径为 0.4mm、层高为 0.3mm 和成形速度为 0.7m/min 的 MAM 型三维打印机，打印由 Ti – 6Al – 4V 粉材构成的浆料，其中含有约 55%（体积分数）的固相颗粒和增塑剂（用作粘结剂）。在成形的生坯件中需去除粘结剂，并在氩气保护下烧结成 Ti – 6Al – 4V 的钛合金支架（见图 3-51），支架的密度可控制为 28% ~ 54%。

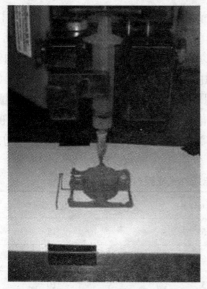

图 3-50　三维打印机用金属浆料制作支架

图 3-51　打印成形的钛合金支架

　　图 3-52 是华中科技大学用富奇凡公司 MAM 型三维打印机成形的 HA 支架[16]，支架孔洞尺寸为 300 ±50μm，具有较高的一致性与连通性，层与层之间结合良好，孔隙率为 56.2%，经过 1200℃、30min 微波烧结后，平均抗压强度达 45.2MPa。

图 3-52　富奇凡公司 MAM 型三维打印机成形的支架

3.3.4　支架电流体动力喷射式打印成形[17]

　　支架可采用电流体动力喷射方式中的电纺丝或电喷印进行打印成形。

1. 支架电纺丝式打印成形

　　例如，本章参考文献［20］的作者将外消旋聚乳酸（PDLLA）溶解于二甲基甲酰胺（DMF）中，并采用如表 3-3 所示的参数进行支架的电纺丝式打印成形。图 3-53 是溶解于 DMF 的 PDLLA 电纺丝成形支架。作者的分析表明：一般而言，支架丝径随着溶液浓度的增加而增加，但是由图 3-53 和表 3-4 可见，用 30%（质量分数）溶液浓度成形的支架丝径却小于用 21%（质量分数）和 38%（质量分数）溶液浓度成形的支架丝径，这是流量变化的影响（30%（质量分数）溶液浓度时的流量为 0.5mL/h，小于 1.5mL/h），因为支架丝径会随着流量的增加而增加。此外，支架丝径会随着电压的降低而缩小。

表 3-3　溶解于 DMF 的 PDLLA 电纺丝式支架打印成形参数

溶液浓度/（%，质量分数）	流量/（mL/h）	电压/kV
21	1.5	15
30	0.5	15
38	1.5	10

表 3-4　溶解于 DMF 的 PDLLA 电纺丝式支架的丝径

溶液浓度/（%，质量分数）	丝径/μm
21	0.240 ± 0.057
30	0.199 ± 0.059
38	0.310 ± 0.099

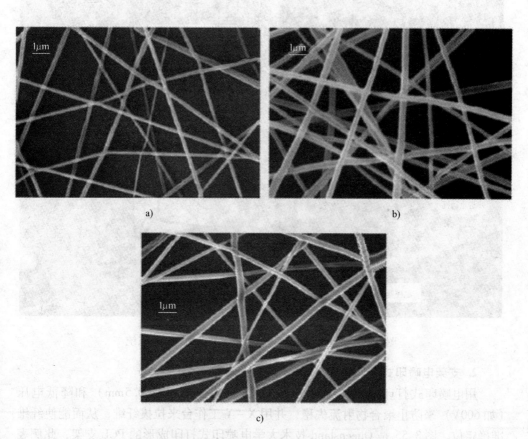

图 3-53　溶解于 DMF 中的 PDLLA 电纺丝成形支架

a）21%（质量分数）　b）30%（质量分数）　c）38%（质量分数）

　　图 3-54 是富奇凡公司生产的能以熔体或溶液作为原材料的支架电纺丝成形系统，它由步进电动机驱动的微注射器型喷头、温控器、直流高压静电发生器、可移动接收屏和控制器等组成。其中，步进电动机驱动的微注射器能根据喷射流量设定值，通过内径为微米级的喷嘴（针头），将存储于其料筒中的熔体或溶液等流体向外挤出，形成液滴。温控器用于将料筒中存储的聚合物熔融并保持恒定的温度，以便使其成为所需粘度的流体。直流高压静电发生器能产生上万伏的高压静电，从而

在喷头和接收屏之间产生强大的电场力，使注射器挤出的液滴拉伸成圆锥状，当电场力超过临界值后，将克服液滴的表面张力形成射流，并使其射向接收屏，在接收屏上形成具有纳米微孔结构的组织工程支架。接收屏与喷头之间的距离可以调节，以便在采用不同性质熔体/溶液的情况下，获得良好的支架结构。

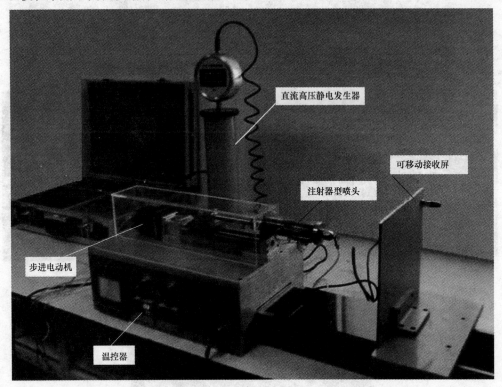

图 3-54　富奇凡公司熔体或溶液支架电纺丝成形系统

2. 支架电喷印式打印成形

用电喷印式打印成形支架时，通过缩短电极距离（如 0.5mm）和降低电压（如 600V）来防止聚合物射流失稳，并用 X – Y 工作台来拉拔纤维，从而能使纤维准确定位。图 3-55 是 Queensland 技术大学电喷印式打印成形的 PCL 支架，此例表明，这种方法能很好地控制纤维的沉积并在三维空间中进行纤维编织。

3.3.5　支架熔融挤压式打印成形

支架也可采用熔融挤压式三维打印机（见图 1-6）成形，为了更方便地解决原材料的供应问题，可以不采用丝料而采用粒料（见图 3-56）[21]。图 3-57 是 Drexel 大学用这种打印机成形的支架，其支柱宽度为 230 ~ 260μm，孔尺寸为 340 ~ 360μm，孔隙率为 60%。

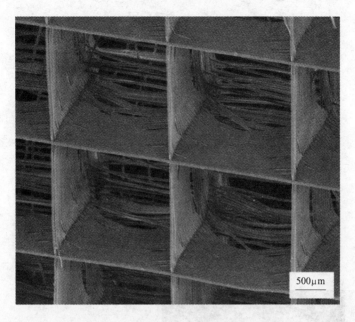

图 3-55　电喷印式打印成形的 PCL 支架

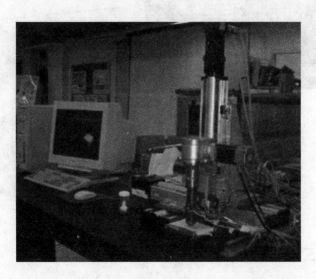

a)

图 3-56　Drexel 大学的熔融挤压式支架打印机

a）打印机外观

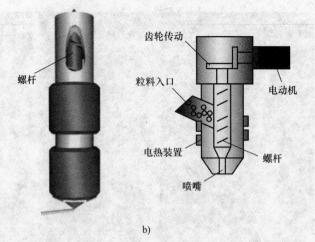

b)

图 3-56　Drexel 大学的熔融挤压式支架打印机（续）

b）喷头

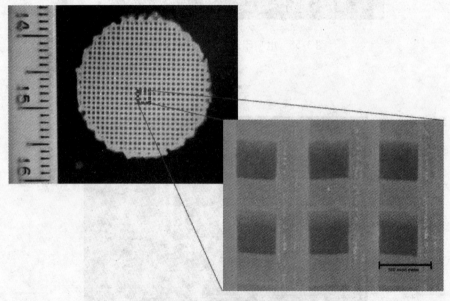

图 3-57　熔融挤压打印成形的支架

3.4　细胞三维打印成形[18][14][19]

上述基于支架的组织工程方法能有效地自由成形具有精确三维外形和内在多微孔结构的支架，但是也有一些问题，主要是必须首先制作支架，将细胞种植至支架中，构成"细胞＋支架"的复合体，再随着细胞的生长繁殖，支架材料逐渐降解，形成具有生理功能和结构的组织或器官，这种方法的局限性在于：

1）支架中的微孔易堵塞。

2）难于将多种细胞和细胞外基质同时植入三维支架中。

3）难于控制三维结构中的细胞分布、浓度和精确定位（应在 10μm 以下），特别是细胞的渗透深度有限，无法控制支架表面下深部的细胞分布、浓度和定位。

4）受支架的空间结构和分辨率的限制，细胞渗透到支架内部的速度较慢。

5）难于导入微血管，因此会导致成形的组织或器官内氧气和养料的供应不足，容易引起组织或器官坏死。

6）难于控制在特定区域所需支架组分、目标细胞和生长因子的局域浓度。

7）难于控制支架材料的生物降解。

为克服基于支架的组织工程方法的上述局限性，近年来出现了无支架（Scaffold – free Approaches）的构造三维多细胞体系/器官的先进技术，即细胞打印（Cell Printing）技术，又称为器官打印（Organ Printing）或生物打印（Bioprinting）。在细胞打印过程中（见图 3-58），将细胞（或细胞聚集体）与水凝胶的前驱体同时置于打印机的喷头中，由计算机控制含细胞的液滴沉积位置，在指定的位置逐点打印，在打印完一层的基础上继续打印另一层，层层叠加形成三维多细胞/凝胶体系，然后将其置于生物反应器中培养后可成为器官。其中，水凝胶的前驱体为细胞提供生长和固定的环境，细胞在凝胶中可迁移、生长。

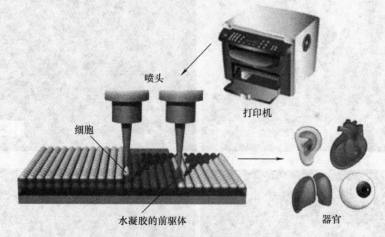

喷头

打印机

细胞

水凝胶的前驱体

器官

图 3-58　细胞/器官打印

与传统基于支架的组织工程技术相比，细胞打印的优势主要有：

1）同时构建有生物活性的三维多细胞/材料体系。

2）能在空间上准确沉积不同种类的细胞。

3）能构建细胞所需的三维微环境。

但是，采用细胞打印技术最关键的问题在于如何保证细胞的存活率。

3.4.1　细胞喷墨式打印成形

细胞的压电/热泡喷墨式打印技术的主要优势：

1）接收液滴的基体可以是培养细胞的培养皿、凝胶基体，也可以是三维支架或液体等。

2）液滴的体积在 8～9pL 的范围内，与单个细胞的体积相近（<1pL），所以喷墨技术具有打印单细胞的潜能。

3）喷墨打印的工作频率为 5～20kHz，液滴的产生速率在 2.5×10^5 滴/s 以上，适于大规模生产，在器官制造移植或高通量的细胞排列方面有着潜在的优势。

4）构建过程简单，有利于组织工程的简单化。

5）可以有多个喷嘴，同时打印多种细胞、细胞外基质和生物材料。

图 3-59a 是一种喷墨式生物打印机，它采用压电喷墨式喷头[14]。本章参考文献［14］的作者采用这种打印机，将含有 Hela Cells（海乐细胞，实验用增殖表皮癌细胞）的藻酸盐水凝胶前驱体打印在盛有氯化钙溶液的器皿中，形成线状细胞结构（见图 3-59b）和三维管状细胞结构（见图 3-59c 和图 3-59d）。由于水凝胶纤维（厚度约为 40μm）的支撑作用，细胞不会扩散，而且水性环境也可避免细胞干涸，有利于其生存。

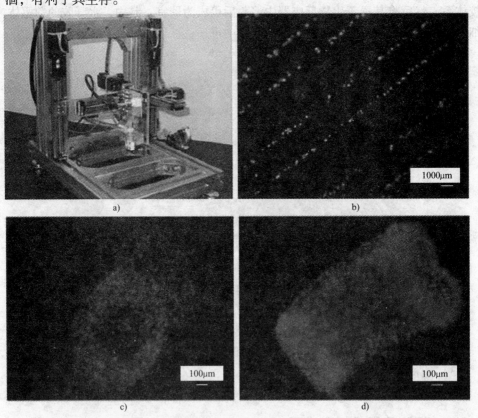

图 3-59　喷墨式细胞打印

a）喷墨式生物打印机　b）打印的线状细胞结构　c）打印的三维管状细胞结构一
d）打印的三维管状细胞结构二

喷墨技术在打印细胞的可行性和可靠性方面均已得到验证，但在如何处理活细胞方面还有局限性：

1）采用热泡喷墨式打印时，喷嘴的最高温度在 300℃ 以上，且存在较大的剪切应力，因而需要解决如何减少打印过程中的热环境和机械对细胞的损伤。

2）大多数哺乳动物细胞较脆弱，在喷墨打印过程中难免会受到损伤。

3）喷嘴的尺寸（30～60μm）与细胞的尺寸相近，在打印过程中容易出现堵塞现象，影响打印效率，同时也限制了溶液中细胞的浓度（$<10^6$ cell/mL）及喷墨打印的分辨率（>100μm）。

有研究者提出采用尺寸较大的喷嘴，以提高溶液中细胞的浓度，降低喷嘴处的剪切应力对细胞的损伤，但这同时也会带来分辨率降低的弊端。

本章参考文献［14］的作者研究了采用压电喷墨式喷头打印细胞的存活率问题，结果表明（分别见图 3-60～图 3-62），打印细胞存活率是喷头驱动电压的函数，随着驱动电压的增加，导致应力增加，使细胞的存活率下降。但是，当驱动信号出现的时间周期有所不同时，细胞的存活率略有不同，然而数据线性回归线的斜率几乎相同。

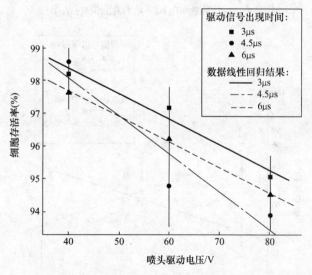

图 3-60　不同驱动电压下纤维肉瘤细胞的存活率

3.4.2　细胞注射式打印成形

注射式细胞打印成形直接用压缩空气（见图 3-63a），或通过压缩空气/直线电动机推动的活塞（见图 3-63b，以及图 3-64 和图 3-65）将注射筒中的生物墨水（细胞悬浮液和水凝胶）从针头中挤出，打印在培养基上。注射式细胞打印的主要优点：

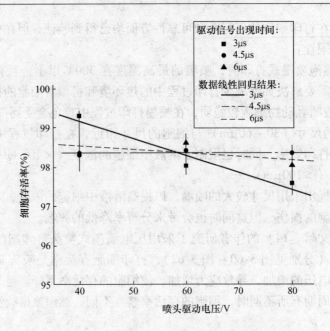

图 3-61　不同驱动电压下造骨细胞的存活率

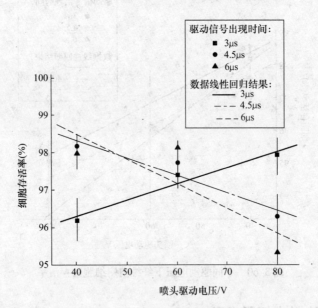

图 3-62　不同驱动电压下软骨细胞的存活率

1）流通细胞悬浮液的针头尺寸可远大于细胞的尺寸（~μm），在打印过程中不易发生堵塞现象。

2）可处理高浓度细胞液（10^7cell/mL），具有构造高细胞浓度的组织或器官的潜能。

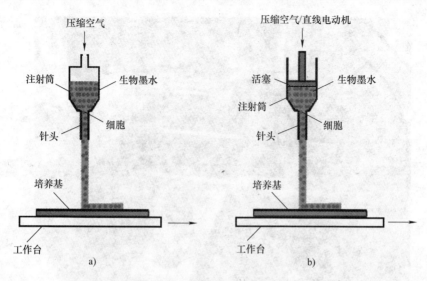

图 3-63　注射式细胞打印成形
a）压缩空气直接作用　b）通过活塞作用

图 3-64　压缩空气推动活塞的注射式细胞打印成形系统
a）单喷头系统

b)

图 3-64　压缩空气推动活塞的注射式细胞打印成形系统（续）

b）双喷头系统[19]

3）通过改变细胞悬浮液和水凝胶的流变性能，可喷射单液滴或线状连续流体，打印出更多种类的组织或器官。

4）无热泡式喷墨打印成形中的高温，也无电喷射式打印成形中的高电压，因而对细胞的损伤更小。

本章参考文献［13］的作者研究了采用细胞注射式打印成形时细胞成活率的影响，该文献指出，在细胞的注射式打印成形过程中，细胞在注射筒气室内承受气体静压力 P 的作用，在针头内承受剪应力 τ 的作用（见图 3-66），如果由这两种作用在细胞中产生的应力超过一定的阈值，或者应力作用的时间 t 超过一定的周期，细胞膜可能屈服于所受作用力而导致细胞损伤，影响细胞损伤的主要因素如下：

图 3-65　电动机推动活塞的注射式细胞打印成形系统

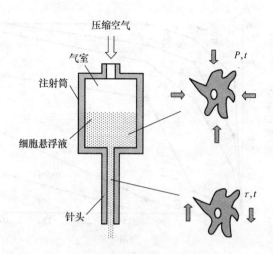

图 3-66　细胞在注射器中的受力状况

1. 细胞在注射筒气室内受到的气体静压力

根据本章参考文献［13］引用的雪旺细胞和 3T3 纤维原细胞实验研究结果，当细胞在气室中受到气压的持续作用不超过 30min 时，不会影响细胞的生存（细胞的损伤率见表 3-5），因此，影响细胞损伤的主要因素是针头内的剪应力。

表 3-5　气室中压强作用下的细胞损伤率

压强/kPa	100	200	300	400	500
雪旺细胞（%）	8.01±3.2	8.61±2.9	7.35±3.8	9.01±2.9	8.54±2.7
3T3 纤维原细胞（%）	7.85±2.7	8.36±2.3	8.89±2.1	7.52±3.5	6.52±2.0

2. 细胞在针头内受到的剪应力和作用时间周期

作用在细胞上的剪应力和作用时间对细胞的损伤影响较明显。由图 3-67 可见，当剪应力较小（小于 400Pa）和作用时间较短（小于 60s）时，雪旺细胞的损伤率几乎为零。随着剪应力和（或）作用时间的增加，细胞的损伤率呈非线性增加。当剪应力超过 1200Pa 和作用时间超过 300s 时，细胞的损伤率几乎为百分之百，意味着在此情况下无细胞幸存。在低剪应力情况下，细胞的损伤率随作用时间逐渐增加。在高剪应力情况下，细胞的损伤率随作用时间迅速增加，特别在起始时间段。

如图 3-68 所示的 3T3 纤维原细胞的损伤率也有类似结果，但在相同的情况下，3T3 纤维原细胞的损伤率略高于雪旺细胞的损伤率。例如，当剪应力为 1200Pa 和作用时间为 5s 时，3T3 纤维原细胞的损伤率为 89%，而雪旺细胞的损伤率为 78%，说明在剪应力作用下，3T3 纤维原细胞比雪旺细胞更易受损害。

细胞在针头内受到的剪应力的大小又与施加的气压、针头的几何参数（内径、长度、形状）等因素有关。

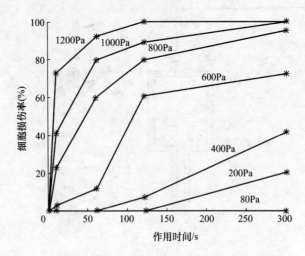

图 3-67　不同剪应力及作用时间下的雪旺细胞损伤率

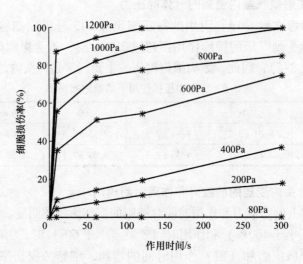

图 3-68　不同剪应力及作用时间下的 3T3 纤维原细胞损伤率

3. 施加的气压

施加的气压对细胞损伤率的影响分别见图 3-69 和图 3-70。当气压由 1bar（1bar = 10^5Pa）升高至 5bar 时，雪旺细胞的损伤率由 3% 升高至 39%，3T3 纤维原细胞的损伤率由 4% 升高至 43%。这种损伤率的增加归因于较高的气压会使喷射的细胞悬浮液的流量增加，从而导致细胞在针头内所受剪应力较高。

4. 针头内径

针头内径对细胞损伤率的影响分别见图 3-71 和图 3-72。

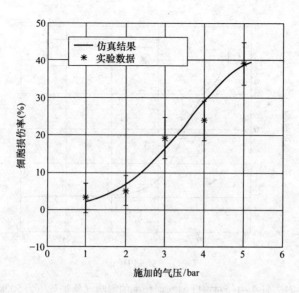

图 3-69　气压对雪旺细胞损伤率的影响（针头内径为 150μm）

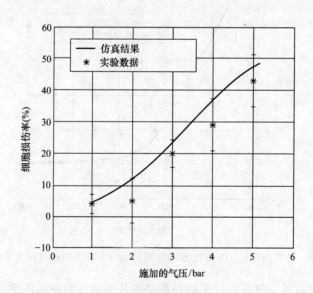

图 3-70　气压对 3T3 纤维原细胞损伤率的影响（针头内径为 150μm）

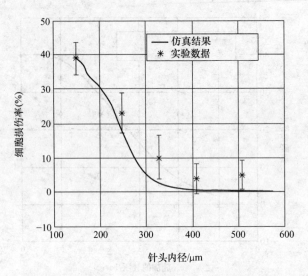

图 3-71 针头内径对雪旺细胞损伤率的影响（施加气压为 500kPa）

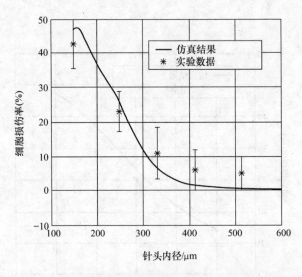

图 3-72 针头内径对 3T3 纤维原细胞损伤率的影响（施加气压为 500kPa）

由以上研究可见，气压和针头内径都会显著影响细胞的损伤率，因此采用较低的气压和较大内径的针头可使细胞的损伤最小化，然而这可能是不切实际的，因为用较低气压难于挤出一些粘滞性生物材料，用较大内径的针头会损害定位精度和液滴体积控制，使其不能用于精密应用领域。因此，气压和针头内径的选择取决于给定的应用要求，以及通过工艺参数优化所能达到的细胞最小损伤率。例如，所需细胞悬浮液的最佳流量为 0.6mL/s 时，可在 0~500kPa 气压和 0.33~0.84mm 针头内径的范围内选取组合，以便达到最小的细胞损伤率。为保持恒定的流量，随着针头内径的增加，气压应降低。实验表明，细胞的损伤率既非随气压，也非随针头内径线性变化。当气压为 190kPa 和针头内径为 410μm 时，细胞的损伤率最高（约18%），当气压为 20kPa 和针头内径为 840μm 时，细胞的损伤率最低（约1%）。

5. 针头长度

采用长度较短的针头可降低液流的阻力，可提高流量或降低所需的气压。另一方面，采用较短的针头会使针头内的剪应力呈线性增加，但是细胞所受剪应力的时间周期会缩短，因此针长对细胞损伤的影响关系较复杂。研究表明（见图 3-73），针长小于 40mm 时，细胞损伤率几乎为零；但是针长大于此值后细胞损伤率迅速增加，针长约为 100mm 时细胞损伤率达到峰值约38%；此后细胞损伤率略有降低，当针长接近 120mm 时，细胞损伤率约为35%，这可能是针头内剪应力随针长的增加而降低之故。因此，必须谨慎选择针长以便最小化细胞损伤率，如果对于特定应用需要较大的流量，则较短的针长有利于保持细胞的生存；如果需要较大的针长，则需注意避免出现峰值细胞损伤率。

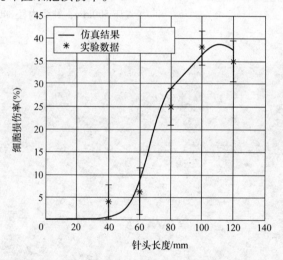

图 3-73　针头长度对细胞损伤率的影响（气压为 500kPa，针头内径为 840μm）

6. 针头径向位置

细胞在针头内所受剪应力随径向位置变化（见图 3-74），损伤的细胞集中在靠近针的内壁处，在此处剪应力最大（见图 3-75 和图 3-76）；在靠近针中心处的细胞多数幸存，因为此处呈现较小的剪应力。

7. 针头形状

典型的针头形状有圆柱形和圆锥形两种（见图 3-77），圆锥形针头的常用参数见表 3-6。

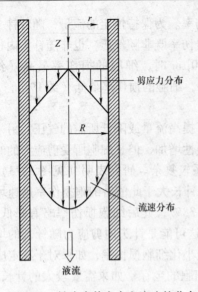

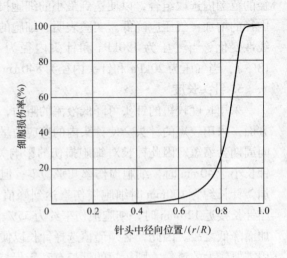

图 3-74 针头内剪应力和流速的分布

图 3-75 在针头径向方向上的细胞损伤率
（气压 500kPa，针头内径 840μm，针长 80mm）

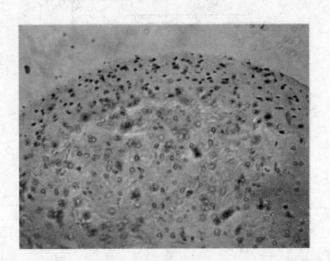

图 3-76 针头中的细胞（黑色为死细胞，白色为活细胞）

表 3-6 圆锥形针头的常用参数

针头号	D_i/mm	D_o/mm	θ_o/rad	L_t/mm
25	3	0.25	0.0685	20
23	3	0.33	0.0665	20
22	3	0.41	0.0645	20

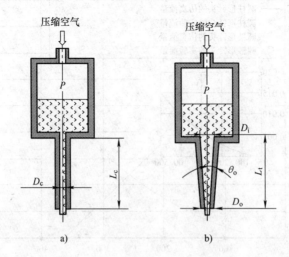

图 3-77　采用不同形状针头的注射器
a）针头为圆柱形　b）针头为圆锥形

采用圆柱形或圆锥形针头时，内径对流量的影响见图 3-78，施加气压对流量的影响见图 3-79。相同流量下，圆柱形和圆锥形针头的内径对细胞损伤率的影响见图 3-80。采用圆柱形和圆锥形针头时，流量对细胞损伤率的影响见图 3-81。

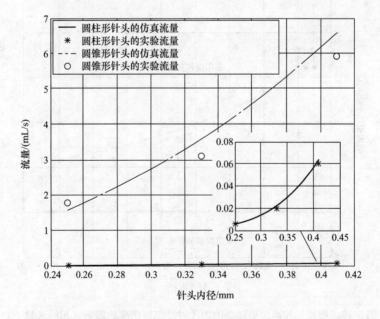

图 3-78　圆柱形或圆锥形，针头内径（分别为 D_c 和 D_o）对流量的影响

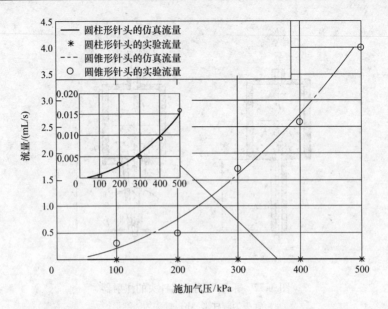

图 3-79　施加气压对流量的影响（采用圆柱形或圆锥形针头时）

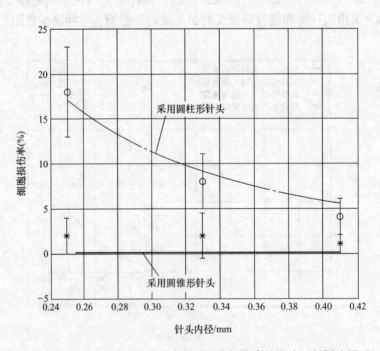

图 3-80　圆柱形和圆锥形针头的内径对细胞损伤率的影响（相同流量下）

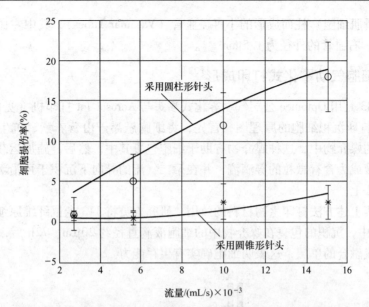

图 3-81　流量对细胞损伤率的影响（采用圆柱形和圆锥形针头时）

由以上研究可见，针头的形状对流量和细胞损伤有显著影响，圆锥形针头比圆柱形针头好。在相同的工艺条件下，采用圆锥形针头比圆柱形针头的流量大很多，因此为产生相同流量，与圆柱形针头相比，圆锥形针头所需气压小很多。对于一定的流量，与圆柱形针头相比，采用圆锥形针头时细胞的损伤率小很多。所以建议采用圆锥形针头，以便有利于细胞的生存。

图 3-82 是用压缩空气推动活塞的注射式生物打印机沉积琼脂糖柱和多细胞的猪

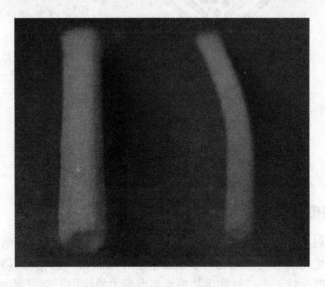

图 3-82　打印成形的小血管

SMC（平滑肌细胞）柱而成形的小直径血管（Vascular Tubes），其中左血管的外径为2.5mm，右血管的外径为1.5mm[19]。

3.4.3 细胞气动雾化式打印成形[23]

图3-83是用Optomec公司气动雾化式喷头与Aerosol Jet打印机（见图2-45和图2-46）打印沉积细胞的原理图，首先，将细胞悬浮于由营养素、抗生素和杀真菌剂构成的媒介物中，这种媒介物有助于细胞包裹其中，然后，施加运载气流，使细胞悬浮液成为含有微粒的雾滴流，并在第二气流的导向下沉积于可沿X-Y方向移动的基板上。

为证实上述方法打印生物材料的效用，研究人员将3T3老鼠纤维原细胞打印在2D培养皿中，沉积的包裹在媒介物中的细胞液滴直径约20μm。72h后，细胞增生扩散，形成融合的单层，这表明细胞确实有生存能力。

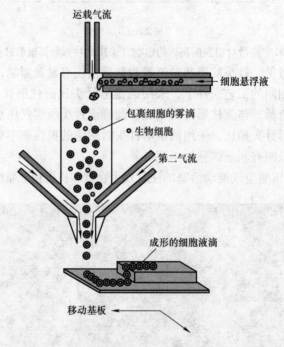

图3-83　细胞的气动雾化式打印成形

3.4.4 细胞电喷射式打印成形

采用电喷射技术打印细胞的原理是（见图3-84），在处于高压电场中的注射器的针筒内放置生物墨水（由细胞与水凝胶前驱体构成），当针头出口处的电场强度超过一定阈值时，位于出口处的生物墨水在电场力的作用下克服表面张力，形成细胞液滴并喷射至接受基极。

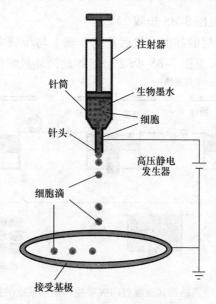

注射器

针筒

生物墨水

细胞

针头

高压静电
发生器

细胞滴

接受基极

图 3-84　电喷射式细胞打印成形

3.5　控释给药系统三维打印成形

3.5.1　控释给药系统三维打印工艺

为克服传统药剂的缺陷，20 世纪 50 年代起出现新型药剂，例如，缓释型给药系统（Time - release Drug Delivery System），它是指通过适当方法，控制药物释放的时间、位置或速度，改善药物在体内的释放、吸收、分布代谢和排泄过程，从而达到延长药物作用、减少药物不良反应的一类药剂。20 世纪 80 年代起出现靶向型给药系统（Targeted Drug Delivery System），它能将药物直接送达需药目标部位。上述新型给药系统合称为控制释放给药系统（Controlled Release Drug Delivery System），简称控释给药系统。

由于控释给药系统的结构和成分比较特殊，所以制作比较困难。为解决这种新型药剂的制作问题，美国麻省理工学院（MIT）经过长时间的研究，提出了一种用喷墨粘粉式三维打印机制作控释给药系统的新工艺（见图 3-85），药片打印过程如下：

1）铺粉机构在成形活塞的顶面均匀地铺上一薄层药剂的基质粉材（见图 3-85步骤 1）。

2）在计算机的控制下，多喷嘴的喷头将粘结剂喷射在已铺好的粉材上，使其构成预定的第一层的结构，同时，喷头也可用另外的喷嘴在这些结构中，按预定的成分与规律喷射药物（见图3-85步骤2）。

3）成形活塞下降一层的高度，然后重复步骤1与步骤2的过程，构成第二层的结构和药物分布规律（见图3-85步骤3），如此循环最终便可得到药片。

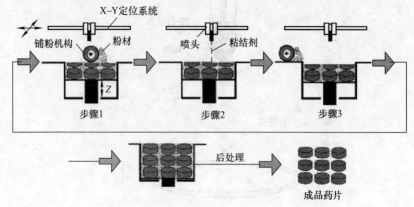

图3-85　喷墨粘粉式三维打印成形控释给药系统的过程[24]

从上述成形过程可见，三维打印成形有高度的加工灵活性，不受任何几何形状的限制。由于喷涂的位置、喷涂次数、喷涂速度都可以随意控制，不同的材料可以通过不同喷头喷涂，喷涂物质可以是溶液、悬浮液、乳液及熔融物等，因此，可以容易地控制局部材料组成、微观结构及表面特性。图3-86是目前三维打印药片的几种常见剂型[24]。

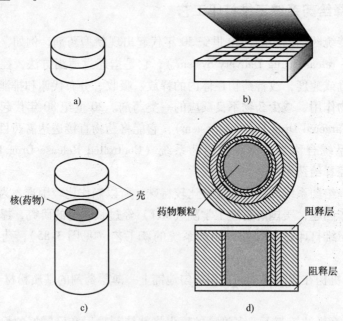

图3-86　三维打印药片的常见剂型

a) 多层片型　b) 多室型　c) 核壳结构片型　d) 包裹结构片型

3.5.2 制作控释给药系统三维打印机

图 3-87 是 Therics 公司生产的 TheriForm 型三维打印机，这种打印机基于喷墨粘粉式成形原理，图 3-88 是其采用的每秒能喷射 800 微滴的多喷嘴喷头，可用于制作控释药片、支架和医用植入体，图 3-89 是 TheriForm 型三维打印机制作的控释药片，其药剂偏差量小于 1%，而当前制药方法的药剂含量偏差约为 15%。图3-90是传统立即释放胶囊与 Therics 核壳结构片的药物释放曲线对比图，由此图可见，后者能使药物具有缓释特性。图 3-91 是将 TheriForm 型三维打印机制作的植入体植入病人体内的照片。

a)   b)

图 3-87 Therics 公司的 TheriForm 型三维打印机

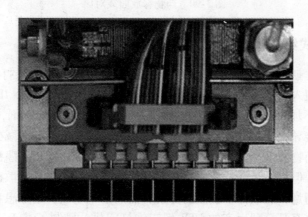

图 3-88 多喷嘴喷头

图 3-89　TheriForm 型三维打印机制作的药片

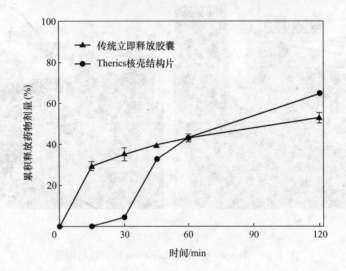

图 3-90　药物释放曲线对比

3.5.3　植入式给药系统三维打印成形[8]

本章参考文献［8］的作者针对植入式给药系统进行了三维打印成形的研究，该文献指出，植入式给药系统（Implantable Drug Delivery System，IDDS）是由药物与赋形剂（或不加赋形剂）制成的一种植入用固体控制释放制剂，可经手术植入或者经针头直接导入病灶部位。这种给药系统能做到定位给药，减少用药次数和剂量，植入部位药物浓度高，而进入血液的药物浓度很低，常用于癌症、风湿痛、糖尿病等的治疗。但是，传统的植入式给药系统通常依赖于被动扩散机制，不能按病情需要改变给药量，且载体不能生物降解，需用手术取出，增加患者痛苦。为此该文献作者采用富奇凡公司生产的 LTY 型三维打印机，研制了基于三维打印技术的植入式给药系统，结果如下：

（1）用于植入式给药系统的生物材料（赋形剂）

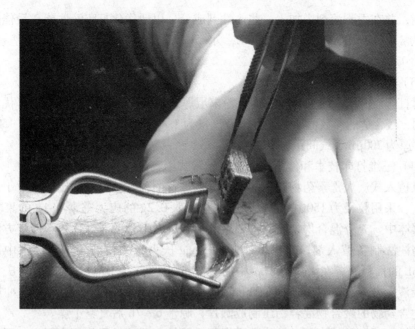

图 3-91　将植入体植入病人体内

用于植入式给药系统的生物材料（赋形剂）可以是胶原或非生物降解的钛金属等多种材料，目前，广泛用于植入式给药系统的生物材料有两类：

1）聚甲基丙烯酸甲酯（Poly Methyl Meth Acrylate，PMMA）、磷灰石·钙硅石玻璃陶瓷（apatite wollastonite glass ceramic）、羟基磷灰石（Hydroxy Apatite，HA）等，为不可降解材料。

2）胶原、聚 ε - 己内酯（PCL）、聚乳酸（PLA）、聚乙交酯（PGA）、丙交酯/乙交酯共聚物（PLGA）、聚丙烯酰胺以及聚 - β - 羟基丁酯（PHB）等。这些可降解高分子材料在使用后，能不断水解、破碎成单体小分子，使包藏的药物得以完全释放，最终载体材料降解成二氧化碳和水，不需要进行二次手术取出，从而减轻病人痛苦。

选择聚乳酸（PLA）粉为植入式给药系统的生物材料，这种粉材经过粉碎、研磨等方式达到微细化。聚乳酸粉末的颗粒尺寸对三维打印成形有很大的影响，研究表明，当聚乳酸粉的颗粒较小时，得到的植入剂比较致密精细；而当聚乳酸粉的颗粒较大时，植入剂松脆；颗粒太小时，在溶液喷射时易产生凹陷、溅散与孔洞。因此，聚乳酸粉的颗粒直径应控制在 $150 \sim 175 \mu m$ 范围内，使得聚乳酸粉既易于成形，又不会发生团聚，还可形成一定空隙率。

（2）打印液（粘结剂）

比较氯仿、丙酮和乙醇等三种溶剂与聚乳酸的溶解性能，结果表明，聚乳酸在乙醇中溶解性最差，在氯仿中溶解性最好，在丙酮中可以溶解。选用丙酮作为打印液溶剂，并在丙酮溶剂中加入一些改性剂成分，以便优化打印液性能。最佳的成分配比为：丙酮 100mL，乙醇 20mL，水 5mL，甘油 0.4mL，十二烷基硫酸钠（SLS）0.2g。

（3）三维打印成形工艺参数

对打印液流量、喷头移动速度、粉末层厚、线间距等影响参数进行了优化，研究表明，较合适的参数值如下：打印液流量为 1.4g/min，喷头移动速度为 150cm/s，粉末层厚为 200μm，线间距为 100μm。

（4）三维打印技术和传统技术制备植入式给药系统的比较

以植入式庆大霉素药物制剂的制备为例进行两种制备方法的比较。对于三维打印方法，采用粒径为 150μm 的聚乳酸粉材，取 0.2g 的庆大霉素和 1g 的聚乳酸粉末于碾钵中，充分混合均匀后，得到聚乳酸和庆大霉素的混合物粉。传统方法是用溶剂浇注法制备植入剂，具体做法：将 30mg 庆大霉素粉剂溶于蒸馏水中，成为 2mg/mL 的稀释液；在 450mg PLA 中加入 10mL 丙酮，在室温下搅拌后与庆大霉素的稀释液充分混合，置于通风处 30min，使部分丙酮挥发；用 φ10mm 单冲压片机将上述含药物的聚合物混合物压制成圆片，晾干 6~7h 后真空干燥。

比较上述两种技术制备的庆大霉素植入式给药系统的释放行为证实，两种方法制备的制剂都有爆发释放量。三维打印技术制备的庆大霉素植入剂的初始爆发释放浓度相对较低，在爆发释放后，维持释放浓度平稳，随时间增长而缓慢减小。而传统工艺制备的庆大霉素植入剂在 2 天时获得 68μg/mL 的爆发释放，使得药物成分在初始阶段出现大量释放。

（5）多层植入剂结构的三维打印成形

设计如图 3-92 所示 3 种多层植入剂结构，其中，图 3-92a 是简单双层结构，每层含一种药物，药物均匀分布在聚乳酸载体中的骨架结构；图 3-92b 是复杂双层结构，一种药物处于一层囊心结构的内部，另一层是第二种药物均匀分布在聚乳酸载体中的骨架结构；图 3-92c 是三层结构，一种药物分处于一层囊心结构的内部，第二层是第二种药物均匀分布在聚乳酸载体中的骨架结构，第三层是不含任何药物的聚乳酸层。

打印结果表明，三维打印的植入剂在分界处结构完整，没有出现明显界面，从而可以避免植入剂在释药过程中可能出现的分层、脱离等现象，保证植入剂的药物释放达到预期的效果。

（6）三维打印植入式给药系统体内药物释放行为

对植入家兔体内的药物释放研究表明，含多药物（左氟沙星和利福平）植入式药剂植入兔股骨后，左氟沙星和利福平先后分阶段释放，两者的局部骨组织能够达到有效的药物浓度并且持续时间长，可以实现双药物分阶段控制释放，从而保证诊疗的目的，同时极大地避免全身用药导致的毒性。

图 3-93 是本章参考文献 [24] 的作者用富奇凡公司喷墨粘粉式三维打印机成

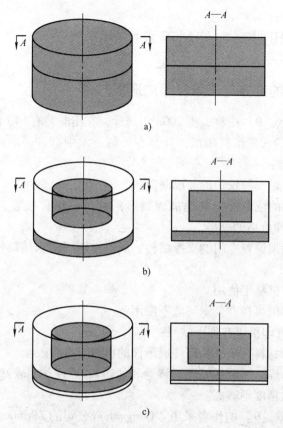

图 3-92　多层植入剂结构

a）简单双层结构　b）复杂双层结构　c）三层结构

形的控释药片结构的电镜扫描图片，由此图片可见，药片周边部分密度较小，孔隙率较大，中心部分粘结密实。

图 3-93　三维打印药片结构的电镜扫描图片

a）全貌　b）中心　c）周边

3.6　三维打印成形在外科手术中的应用[9]

3.6.1　成形机的选择与三维打印成形工艺

本章参考文献［9］中称，据2008年统计，在南非约有140台自由成形机，其中88%为喷墨粘粉式三维打印机，并且在外科手术中有许多应用范例，认为三维打印机有以下优点：

1）三维打印是一种较快的加成制造法。

2）三维打印的成形件比其他加成制造的类似成形件便宜，其典型价格低于SLS和SLA成形件价格的一半。

3）成形时无须设置专门的支撑结构，成形件周围的未粘结松散粉材可起支撑作用。

4）三维打印机易于使用。

5）三维打印机可在办公室环境下使用。

但是，三维打印机也有如下缺点：

1）可用的原材料有限，从而使成形件的机械特性有限。

2）成形件易碎，需要后处理（渗透和加热），以便达到较好的机械强度。

3）成形件的精度不够高。

本章参考文献［9］的作者采用Z Corporation公司的ZPrinter 310三维打印机进行有关外科手术的应用研究，喷头分辨率为300×450dpi，成形层高为$0.089 \sim 0.203$mm，垂直方向成形速度为25mm/h。成形材料为石膏基粉材zp130和zp131，粘结剂为zb58和zb60，渗透剂为环氧树脂缓慢硬化剂和蜡。成形完成后，用专用吹风机/真空吸尘器去除多余未粘结的粉材，然后将成形件置于70℃的烘箱中约1h，以便使粘结剂硬化。

用环氧树脂对成形件进行渗透后处理时，由于烘干的成形件为多孔结构，因此可吸收环氧树脂，使成形件的内部硬化和提高强度。为加速硬化过程，还可将成形件再次置于70℃的烘箱中，直到树脂混合物完全硬化。

用蜡作为渗透剂时，可用专用的自动上蜡烘箱对成形件渗蜡。成形件在上蜡烘箱中缓慢地沉入熔化蜡中数秒钟，使蜡充分渗入成形件，然后将其取出并晾干，直到渗入成形件内部的蜡冷却和硬化。渗蜡所需时间较渗环氧树脂短，但是成形件的强度不如渗环氧树脂好，而且由于蜡的熔点低，渗蜡的成形件对高温敏感。

图3-94是三维打印成形的医学模型。

3.6.2　三维打印成形件的精度

三维打印成形件的性能见表3-7。本章参考文献［9］的作者指出，即使CT或

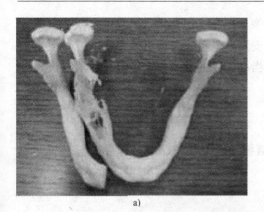 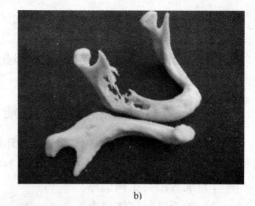

a)   b)

图 3-94　三维打印成形的医学模型

a）渗透后处理之前　b）渗透后处理之后

MRI 扫描的数据能精确到 0.5mm，但是用工程标准来衡量这种精度还是相当粗糙的，因此成形件的精度有限主要不在于三维打印本身，而在于获得原始数据的手段不足。

表 3-7　Z Corporation 三维打印成形件的性能

精度/mm			层高/mm	表面粗糙度/μm	抗拉强度/MPa	断裂延伸率
	X	Y	Z			
最大误差	0.405	0.179	0.189	0.076 ~ 0.254	10.38 ~ 12.64（Ra）	8.6 ~ 14.8	0.19%
平均误差	- 0.05	- 0.05	- 0.15				
最小误差	- 0.47	- 0.36	- 0.56				

本章参考文献［9］的作者以口腔种植体为例讨论了三维打印成形件的精度状况。一般而言，植入下颌骨的种植体距离下颌神经管至少需要 2mm，因此，种植体的最大误差不得超过 1mm，三维打印成形件的精度符合要求。

3.6.3　三维打印成形件的机械强度

为判断三维打印成形件是否能适用于外科手术模拟，是否能在成形件上用外科器械钻孔和安置外科螺钉，6 位外科医生分别用 4 个尺寸为 10mm × 10mm × 50mm 的三维打印样件进行强度试验，这些样件用不同的粉材、粘结剂和渗透剂成形，结果见表 3-8。

表 3-8　三维打印成形件的机械强度试验结果

样件编号	材料组成			因钻孔而破裂的样件数	因安置螺钉而破裂的样件数
	粉材	粘结剂	渗透剂		
W0	ZP 130	zb58	蜡	0	1
E0	ZP 130	zb58	环氧树脂	0	0
W1	ZP 131	zb60	蜡	0	1
E1	ZP 131	zb60	环氧树脂	0	0

尽管用环氧树脂渗透的成形件感觉更像自然骨，但是多数外科医生认为，用较软的渗蜡成形件易于模拟外科手术，并且安置在外科装备中有较小的应变。但是渗蜡成形件操作时有较高的破裂风险，因此当成形件的壁厚小于10mm时不建议成形件进行渗蜡处理。

3.6.4 三维打印成形件的消毒性能

本章参考文献［9］的作者对渗透环氧树脂的三维打印成形样件进行了如下的消毒性能测试：

1）能否用高压锅消毒？

2）能否进行气体消毒？

3）消毒时是否有畸变？

4）消毒后是否有细菌繁殖？

目的是确定在消过毒的环境下，三维打印成形件能否用作外科手术时的器具。测试结果表明，样件能顺利地经受高压锅消毒和气体消毒，没有任何的后续细菌繁殖，经过8次高压锅消毒样件没有因此造成几何畸变。

但是，由于操作三维打印成形件时可能有粉材颗粒散落，因此不建议：

1）外科医生在手术时直接操作成形件。

2）在外科手术过程中，成形件直接与外科器械或植入体接触。

3.6.5 三维打印成形应用范例

1. 矫形外科（Orthopaedic Surgery）的应用

据本章参考文献［9］报导，南非进行了如下有关矫形外科的应用研究：①手外科（Hand Surgery）。②肩与肘矫形外科（Shoulder and Elbow Surgery）。③关节置换外科（Joint Replacement Surgery）。④足踝外科（Foot and Ankle Surgery）。⑤脊柱外科（Spine Surgery）。⑥创伤骨科（Orthopaedic Trauma）。

病例1：因旧伤引起的肘关节炎（Elbow Arthritis）

病人在孩童时期因肘骨折接受了外科手术，但是多年来在尺骨（Ulna）和桡骨（Radius）的关节面（Joint Surfaces）引发了关节炎（粗糙、不平整），导致剧烈疼痛和活动范围受限制。

手术打算切除阻碍病人活动范围和导致疼痛的关节炎骨，问题是必须准确地在炎症区域切除多少关节炎骨才能改善病情而不使其恶化。为此，在术前用三维打印机制作病人的肘关节模型（见图3-95）：①显现病灶。②模拟肘关节的动作（见图3-96），以便确定障碍所在。③设计切除区域。④向病人解释手术程序并获得其同意。⑤比对模型与病人的解剖结构，在模型上确认计划的切除区域，并在手术过程中校验实施的切除效果。结果手术顺利，未出现任何问题。此外科医生认为，由于有三维打印模型，所以能更准确、更可靠地完成切除术。

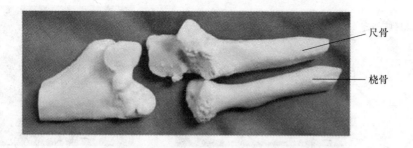

图 3-95　三维打印成形的肘关节模型

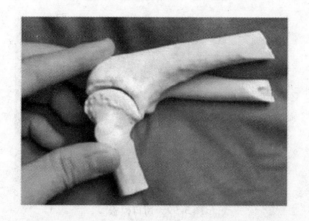

图 3-96　模拟肘关节的动作

2. 神经外科（Neurosurgery）**的应用**

南非进行了如下有关神经外科的应用研究：①头外伤（脑出血、头骨破裂）。②脊柱外伤。③末梢神经外伤。④脑肿瘤。⑤感染。⑥脊骨、脊柱和末梢神经肿瘤。⑦脑动脉瘤。⑧中风。

病例 2： 脑膜瘤（Meningioma）

病人前额左部有一头盖形脑膜瘤（见图 3-97），导致头盖骨发育失控，因此拟通过外科手术切除肿瘤感染的头盖骨，并用为病人特制的植入体取代缺失的头盖骨。术前用三维打印机制作病人的头颅模型（见图

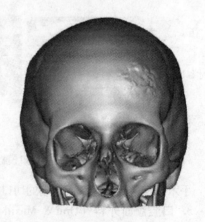

图 3-97　头颅三维造影

3-98），用于：①设计切除区域。②设计切口模板（Cutting Guide，见图 3-99）。③设计为病人特制的植入体。④向病人解释手术程序并获得其同意，并在手术过程中引导医生定位切口模板（见图 3-100）。

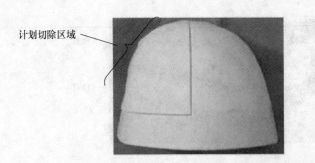

计划切除区域

图 3-98　三维打印头颅模型

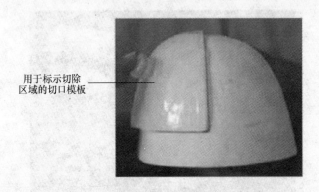

用于标示切除
区域的切口模板

图 3-99　切口模板

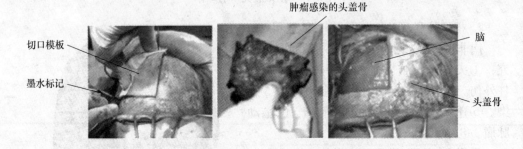

肿瘤感染的头盖骨

切口模板

墨水标记

脑

头盖骨

图 3-100　用切口模板划分和切除肿瘤感染的头盖骨

手术非常成功，为病人特制的切口模板和植入体十分精确、完美（见图 3-101）。

3. 口腔颌面外科（Oral & Maxillofacial Surgery）**的应用**

南非进行了如下有关口腔颌面外科的应用研究：①牙槽外科（Dentoalveolar Surgery）。②囊肿和肿瘤的诊治。③颅面先天畸形的诊治。④颞下颌关节紊乱（Temporomandibular Joint Disorders）的诊治。⑤咬合错位（Incorrect Bite）的诊治。⑥面部两侧不对称（Facial Asymmetry）的外科矫正。⑦软组织和硬组织损伤的诊治。⑧植入体手术。

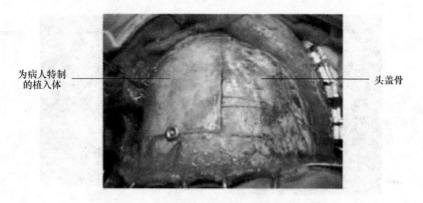

为病人特制
的植入体　　　　　　　　　　　　　　　　　　　头盖骨

图 3-101　为病人特制的植入体完美地定位于缺失处

病例 3：颌骨成釉细胞瘤（Ameloblastoma Tumour）

病人下颌右侧有一成釉细胞瘤，打算手术切除此肿瘤，并通过腓骨修复下颌的缺损部分。为此用三维打印制作了模型（见图 3-102 和图 3-103），其中图 3-102 是肿瘤感染的下颌骨模型；图 3-103 是病人下颌健康的左半边的镜像模型，用于医生在术前准确地决定所需腓骨的长度和截骨的角度（见图 3-104），以便获得对称的重建下颌骨，并在术中确认计划切除的区域。

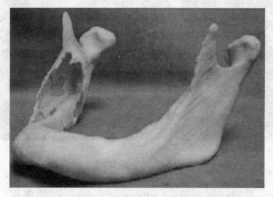

图 3-102　肿瘤感染的下颌骨模型

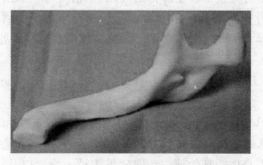

图 3-103　病人下颌健康的左半边的镜像模型

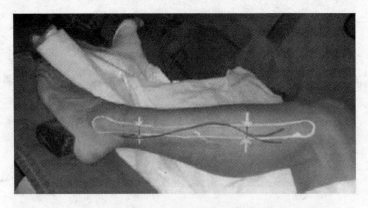

图 3-104　计划的腓骨切除区域

图 3-105 是根据模型决定的所需腓骨长度，在腓骨上精确地截取重建下颌所需骨，然后借助重建板构成下颌所需植入体（见图 3-106）。

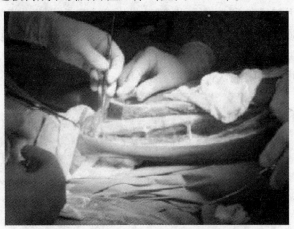

图 3-105　由腓骨上截取重建下颌所需骨

4. 整形修复外科（Plastic & Reconstructive Surgery）**的应用**

南非进行了如下有关整形修复外科的应用研究：①烧伤创伤的外科手术矫正。②创伤（如面颅骨骨折）的外科手术矫正。③先天异常（如唇裂、颚裂）的外科手术矫正。④发育异常的外科手术矫正。⑤感染或疾病的外科处理及医治。⑥癌或瘤的外科切除。

病例 4：Parry – Romberg 综合征（Parry – Romberg Syndrome，进行性半侧颜面萎缩症）

病人患 Parry – Romberg 综合征，使得脸的右半边的皮肤和软组织进行性退化（见图 3-107），打算通过游离皮瓣术（Free Flap Surgery）重建病人脸的右半边软组织，这涉及从病人身体的其他部位获取软组织植入物，以及将其嵌入面皮之下。

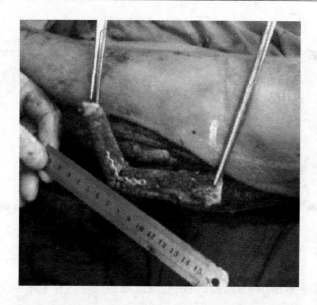

图3-106 借助重建板构成下颌所需植入体

为此用三维打印制作颜面骨模型（见图3-108），并用硅树脂覆盖，象征软组织。同时，再制作计划软组织植入物的模型，演示颜面修复状况（见图3-109）。

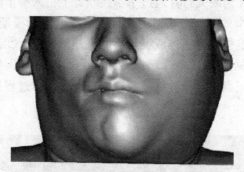

图3-107 半边脸的皮肤和软组织进行性退化

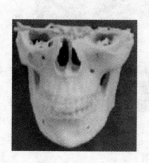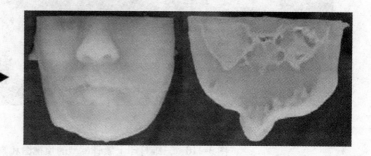

图3-108 显示缺陷的颜面骨模型

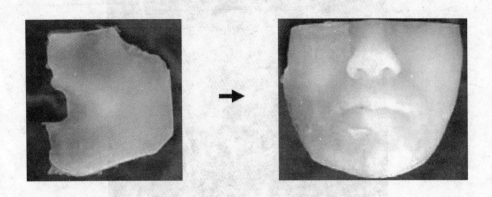

图 3-109　软组织植入物的模型并演示颜面修复状况

　　上述模型在手术前用于设计软组织获取区域的尺寸，在手术中用于引导医生获取软组织植入物。

5. 口腔种植（Oral Impantology）**的应用**

病例 5：牙列缺失

　　一些老年病人因牙齿缺失打算通过手术在颌骨上植入种植体，然后在种植体上制作上部结构，并制作义齿。为此用三维打印制作上颌骨模型（见图 3-110），手术前模型用于：①确定植入种植体所需足够的上颌骨区域。②设计最佳的种植体间距和位置，预钻孔（见图 3-111），模拟设计的手术过程。手术中用于在病人上颌骨上协助识别解剖标记点，以及种植体定位的参考。手术过程见图 3-112 。

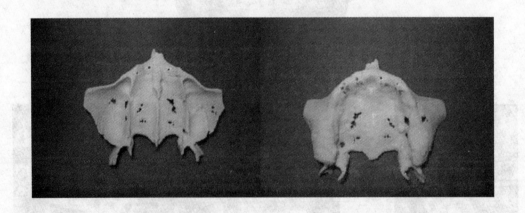

图 3-110　三维打印上颌骨模型的顶视图和俯视图

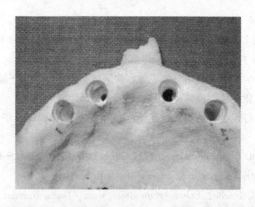

图 3-111　设计种植体的间距和位置并预钻孔

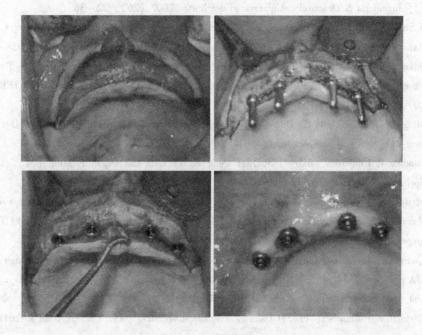

图 3-112　手术过程

参 考 文 献

［1］王运赣. 快速成形技术 ［M］. 武汉：华中科技大学出版社，1999.

［2］王运赣，张祥林. 微滴喷射自由成形 ［M］. 武汉：华中科技大学出版社，2009.

［3］张富强，王运赣，孙健，等. 快速成形在生物医学工程中的应用 ［M］. 北京：人民军医出版社，2009.

［4］J Ebert, E Özkol, A Zeichner , et al. Direct Inkjet Printing of Dental Prostheses Made of Zirconia ［J］. Journal of Dental Research, 2009, 88（7）: 673－676.

［5］孙建，张富强. 颜面赝复体阴模三维打印成形的初步研究 ［J］. 中华口腔医学杂志，2010，

45 (12): 773 - 774.

[6] Qingbin Liu, Ming C Leu, Stephen M Schmitt. Rapid Prototyping in Dentistry: Technology and Application [J]. Int J Adv Manuf Technol, 2006 (29): 317 - 335.

[7] 韩冬, 徐华, 董佳生, 等. 应用三维成像和快速成型技术构建犬下颌髁突模型 [J]. 中国组织工程研究与临床康复, 2011, 15 (9): 1562 - 1565.

[8] 黄卫东. 基于三维打印技术的植入式给药系统研究 [D]. 武汉: 华中科技大学生命科学与技术学院, 2007.

[9] John Robert Honiball. The Application of 3D Printing in Reconstructive Surgery [D]. Stellenbosch: Department of Industrial Engineering, Stellenbosch University, 2010.

[10] Luis Carlos Parra Calvache, Fabio Arturo Rojas Mora, Diana Narváez, et al. Manufacture and Characterization of a Mixture of Bone Powder and Bioceramic: A 3D - printing Method Process [J]. Ingeniería & Desarrollo. Universidad del Norte. 2009 (26): 22 - 36.

[11] K Subburaj, C Nair, S Rajesh, et al. Rapid Development of Auricular Prosthesis using CAD and Rapid Prototyping Technologies [J]. Oral and Maxillofacial Surgeons, 2007 (36): 938 - 943.

[12] Elke Vorndran, Michael Klarner, Uwe Klammert, et al. 3D Powder Printing of β - Tricalcium Phosphate Ceramics Using Different Strategies [J]. ADVANCED ENGINEERING MATERIALS, 2008, 10 (12): B67 - 71.

[13] Minggan Li. Modeling of the Dispensing - based Tissue Scaffold Fabrication Processes [D]. Saskatoon: University of Saskatchewan, 2010.

[14] Bradley R Ringeisen, Barry J Spargo, Peter K Wu. Cell and Organ Printing [M]. London: Springer, 2010.

[15] M Rombouts, S Mullens, J Luyten, et al. The Production of Ti - 6Al - 4V Parts with Controlled Porous Architecture by Three - dimensional Fiber Deposition: Report of VITO [R]. VITO: Belgium, 2009.

[16] Quan Wu, Xianglin Zhang, Mengjun Li. Research on microwave sintering process for high strength HA porous scaffold: proceedings of CEAM 2011, Changsha, May 28 - 30, 2011 [C]. Changsha: Institutes of Technology of Changsha, 2011.

[17] Dietmar W Hutmacher, Paul D Dalton. Melt Electrospinning [J]. Chem. Asian J. 2011 (6): 44 - 56.

[18] 周丽宏, 陈自强, 黄国友, 等. 细胞打印技术及应用 [J]. 中国生物工程杂志, 2010, 30 (12): 95 - 104.

[19] Cyrille Norotte, Francois S Marga, Laura E Niklason, et al. Scaffold - free vascular tissue engineering using bioprinting [J]. Biomaterials, 2009 (30): 5910 - 5917.

[20] Anand Shreyans Badami. Bioresorbable Electrospun Tissue Scaffolds of Poly (ethylene glycol - b - lactide) Copolymers for Bone Tissue Engineering [D]. Blacksburg: Virginia Polytechnic Institute and State University, 2004.

[21] Wei Sun. Computer - Aided Tissue Engineering Part II: report of Drexel University [R]. Hong Kong: Hong Kong University of Science and Technology, 2005.

[22] Anping XU, Yunxia QU, Jiwen WANG, et al. Design for Solid Freeform Fabrication of Dental

Restoration：Proceedings of International Conference on Mechanical Engineering and Mechanics 2005，Nanjing，October 26 - 28，2005，[C]．Nanjing：ICMEM，2005.

[23] Cynthia Miller Smith. A Direct - Write Three - Dimensional Bioassembly Tool for Regenerative Medicine [D]. Tucson：Faculty of the Biomedical Engineering，University of Arizona，2005.

[24] 余灯广．基于三维打印技术的新型口服控释给药系统研究 [D]．武汉：华中科技大学生命科学与技术学院，2006.

第 4 章　机电制造中的三维打印自由成形

4.1　微型热管三维打印成形

　　热管（见图 4-1）是一种高效散热器件，它是用导热材料（如紫铜）构成的空心管，其内部由毛细结构（如灯芯）、液流和蒸汽流两种工作流体构成。当热量从热源进入蒸发段时，工作液发生相变，转变为蒸汽并流向热管的冷凝段，释放热量后冷凝为液态，然后借助灯芯结构的毛细管力的作用流回蒸发段，如此循环使热源的热量不断地消除。常用的小热管外径为 1~3mm。

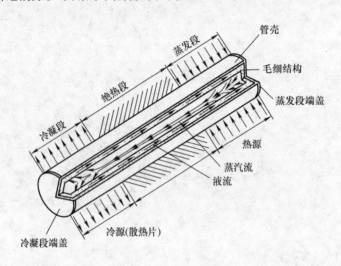

图 4-1　热管原理图

　　为使热管能用于集成电路芯片的散热，加拿大 EPM 理工学院用三维打印自由成形制作了微型热管（Micro Heat Pipes，MHPs）[3]，图 4-2 是微型热管组成的网络的自由成形的过程，采用的喷头为气动微注射器式（PAM），喷嘴直径为 100~250μm，墨水为易消散有机墨水，由 20%（质量分数）微晶蜡和 80%（质量分数）凡士林油混合而成。渗入的环氧树脂固化后，在约 75℃下加热网络，并在轻度真空下通过网络中的开口排除其中的墨水，再用热水洗涤，获得环氧树脂微腔网络，最后在高真空下充入定量的工作液，用环氧树脂密封网络的开口，获得微型热管。

　　图 4-3 是用于成形微型热管的三维打印机，其中的激光传感器用于检测微热管的布局。

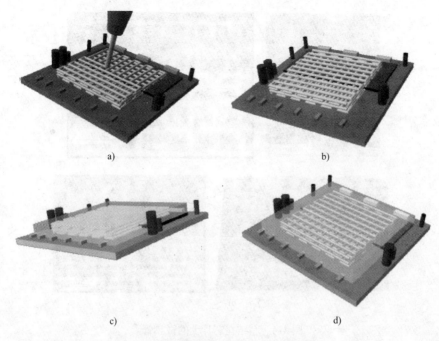

图 4-2 微型热管网络的自由成形的过程

a）通过喷嘴沉积墨水　b）逐层沉积墨水

c）在热管网络中渗透低粘度环氧树脂

d）环氧树脂固化，去除易消散墨水

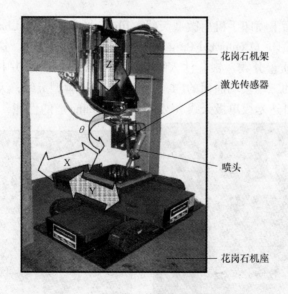

图 4-3 成形微型热管的三维打印机

图 4-4 是粘结在芯片上的三维打印微热管，微热管的通道直径为 $200\mu m$。

图 4-4　粘结在芯片上的微热管

a) 2 层微热管　b) 4 层微热管

4.2　曲面图形三维打印成形

　　为在三维曲面上喷印手机用微型天线，Illinois at Urbana – Champaign 大学提出了一种称为共形喷印（Conformal Printing）的方法（见图 4-5）。这种方法将纳米银墨水［~72%（质量分数）银］注入喷嘴内径为 100μm 的喷头中，此喷头可在固定于旋转工作台的三维玻璃曲面的内、外表面上喷印微型天线，天线可小至波长的1/12，但其性能可达米级单极天线（Monopole Antenna）的性能，可有效地解决手

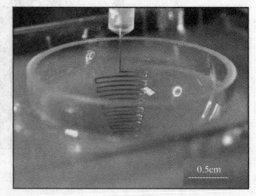

图 4-5　喷印三维微型曲面天线

机通话掉线（Call Drop）的难题。

图 4-6 是用类似方法在大型曲面上喷印天线图形。

图 4-6　在大型曲面上喷印天线图形

图 4-7 是 Mimaki Engineering 和长野工业高等专业学校共同开发的曲面图形三维打印机，这种打印机有 4 个可沿水平轴左右移动的喷头（见图 4-8），每个喷头可打印一种颜色（C、M、Y、K），工件有上下平行移动、前后平行移动、旋转和倾斜等 4 轴运动（见图 4-9），在上述 5 个轴的配合下，可在曲面上打印任何图形。此打印机可对直径 300mm 半球与直径 300mm、高 150mm 圆柱的组合曲面进行三维打印。

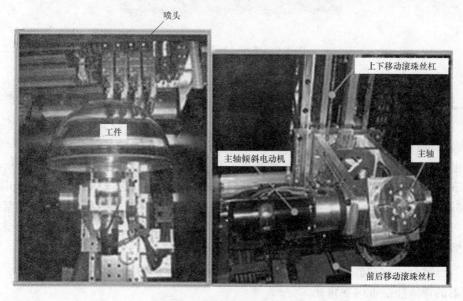

图 4-7　曲面图形三维打印机

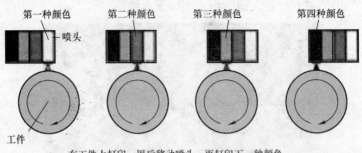

图 4-8　4 种颜色的喷头轮流打印

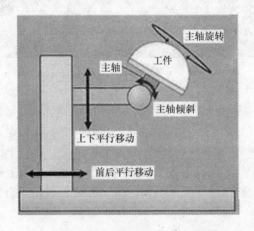

图 4-9　工件 4 轴运动示意图

4.3　金属焊料三维打印成形

三维打印可以喷射用于电气互连的金属焊料，例如，用 MicroFab 公司 Solder Jet 压电式喷头（见图 4-10）可喷印晶片凸点（见图 4-11），用于倒装芯片装配（Flip - chip Assembly）。喷射的焊料可成形直径为 25 ~ 125μm 的球体（体积为 5pL ~ 0.5nL），液滴形成率可达 1000 滴/s，运行温度可达 240℃，所用的焊料有共晶锡铅（Eutectic Tin - lead）焊料 63Sn/37Pb、高铅焊料 95Pb/5Sn、无铅焊 96.5Sn/3.5Ag 和低温铋焊料，料筒体积为 30mL。

三维打印特别适合于难度很高的三维电气互连，如图 4-12 和图 4-13 所示，其喷射的焊珠能贴近内拐角处。

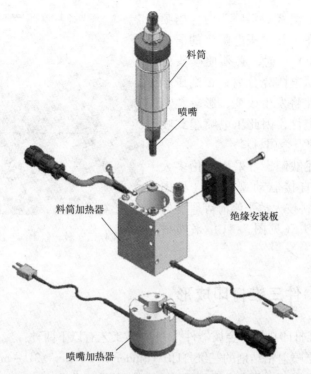

图 4-10　Solder Jet 喷头

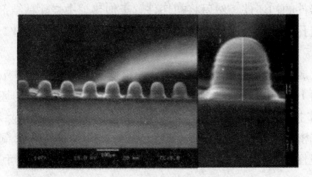

图 4-11　用 Solder Jet 喷印的晶片凸点

图 4-12　硬盘驱动器读写头中的三维电气互连

采用压电喷墨式焊料喷头时，当喷头的工作温度高于其中压电陶瓷的居里点（一般为350℃）时，必须使喷头的焊料加热区与压电陶瓷分离，否则压电陶瓷的工作特性将发生改变，影响整个喷射系统的稳定性，因此压电喷墨式喷头难于成形高熔点金属材料。

为弥补上述缺陷，可采用多伦多大学研制的气压直接驱动型喷头（见图2-29），或华中科技大学张鸿海等研制的气动膜片型喷头（见图2-41）来喷射焊料。

图4-13　激光器中的三维电气互连

4.4　金属器件三维打印成形

可以用三维打印机制作金属器件[8][9]，其工艺有以下两种：

（1）向粉层喷射粘结剂的三维打印（"Binder on Powder" 3D-printing）

采用这种工艺时，由喷头向铺设在三维打印机工作台上的金属粉层喷射粘结剂，构成所需器件的初坯件，然后将初坯件置于加热炉中烧除粘结剂，并烧结金属粉，构成有一定孔隙的金属器件，再渗铜锡合金（含90%铜与10%锡）使器件达到全密度。

例如，为了成形420L不锈钢器件[8]，采用粉粒平均尺寸为44μm的不锈钢粉材，粉层厚度为100μm，喷射粘结剂的液滴体积为140pL，所得初坯件中的金属颗粒被粘结剂桥连接（见图4-14a）。将初坯件置于加热炉中烧除粘结剂，并在1120℃下烧结成密度为60%的不锈钢件（见图4-14b），然后再渗铜锡合金使器件达到全密度（见图4-14c），其屈服强度可达455MPa，抗拉强度可达680MPa，硬度可达26~30HRC。

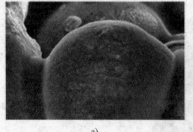

a)　　　　　　　　　　　b)　　　　　　　　　　c)

图4-14　三维打印成形不锈钢齿轮

a）金属颗粒被粘结剂桥连接　b）烧结后的齿轮　c）渗铜锡合金

图4-15是 Georgia 工学院用三维打印成形金属件的过程[10][11]，它包括以下3个步骤：

1）原材料喷雾干燥。

对粉状金属氧化物和粘结剂（如2%或4%的PVA）混合而成的浆料进行喷雾干燥（Spray - drying），如图4-16所示，构成符合需要的平均颗粒尺寸为25μm的均匀球形粉材。

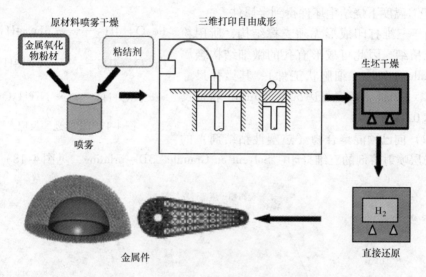

图4-15　三维打印成形金属件的过程

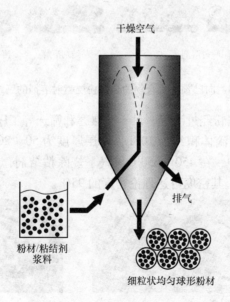

图4-16　喷雾干燥

2）三维打印成形生坯件。

打印成形的层厚为100μm，成形生坯件在450℃的加热炉内经干燥处理去除其中的粘结剂。

3）生坯件还原为金属件。

典型的还原剂为氢气或一氧化碳，进行化学还原反应时（见图4-17），在850℃的温度下这些气体与生坯件中的氧发生反应，形成水蒸气并被排除，然后，在1300℃温度下烧结生坯件得到金属件。

由于三维打印成形无须支撑结构，所用粉材颗粒精细，因此可成形有孔的微细结构金属件（Cellular Parts，细胞状工件），其微孔尺寸可达0.5~2mm，壁厚可达50~300μm，特征尺寸可达0.1mm。

$$Fe_3O_4 + 4H_2 \longrightarrow 3Fe + 4H_2O$$

$$Co_3O_4 + 4H_2 \longrightarrow 3Co + 4H_2O$$

$$NiO + H_2 \longrightarrow Ni + H_2O$$

图4-17 化学还原反应

（2）向已预混聚合物（热塑性粘结剂）的金属粉层喷射溶剂的三维打印（"Solvent on Granule" 3D–printing，见图4-18）

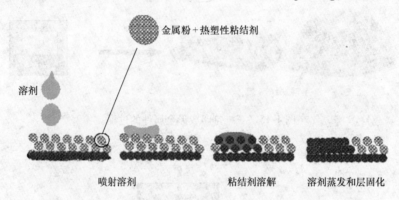

图4-18 向已预混聚合物的金属粉层喷射溶剂的三维打印

预混聚合物的金属粉经过湿混、烘干、碾磨和筛选等工序制成，颗粒尺寸约为100μm，喷射溶剂的液滴体积约为10pL，粉层厚度为50~200μm，然后将成形所得生坯件置于加热炉中，在450~650℃氢气下烧除粘结剂，在1330℃氩气下烧结3h成形（见图4-19），其密度可达理论密度的95%。

a)   b)

图4-19 "Solvent on Granule" 三维打印不锈钢工件

c)   d)

图 4-19 "Solvent on Granule" 三维打印不锈钢工件（续）

图 4-20 是三维打印成形的渗铜 420L 不锈钢注塑模镶块，其屈服强度为 455MPa，抗拉强度为 680MPa，硬度为 26 ~ 30HRC。

图 4-20 三维打印成形的渗铜不锈钢注塑模镶块

4.5 复杂器件三维打印折叠成形[12]

三维打印机可将多种材料（如金属/ 陶瓷/ 聚合物等构成的墨水）喷印成三维工件，但是难于成形高宽比很大的工件，以及无支撑结构的大悬臂特征。为弥补上述缺陷，近年来出现了一种称为三维打印折叠（打印折纸，Printed Origami）自由成形的工艺，这种工艺的灵感来源于古老的折纸术（Origami），它是一种不用剪切或粘贴，将纸张折成三维物体的艺术。三维打印折叠工艺将打印与折纸两种工艺巧妙结合，能使打印成形的面片通过折叠技术构成复杂的三维形体，然后经过热处理使其成为三维金属件、陶瓷件等。图 4-21a 是正在打印面片的微注射器式喷头，图 4-21b 是打印成形的面片。图 4-22a 是折叠立方体构件的过程，图 4-22b 是用氢化钛（Titanium Hydride，TiH_2）墨水打印折叠成形并在 1050℃ 真空炉中烧结而成的钛金属件。

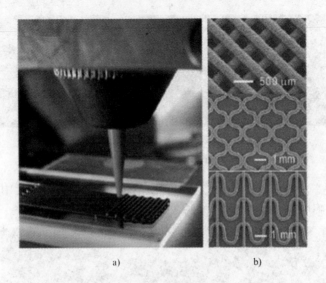

a)　　　　　　　　　b)

图 4-21　微喷面片

a) 用微注射器式喷头打印面片　b) 打印成形的面片

图 4-22a 所示过程说明如下：

1) 在基板上打印两层外形尺寸为 15.4mm × 12.1mm 的矩形面片（丝径为 250μm，丝与丝之间的中心距为 550μm），并将它从基板上取下，切割为折叠所需的形状。

2) 将打印的面片置于由金属板（100mm 厚）和可弯曲聚合物铰链组成的折叠机构上，以便在折叠过程中导向。用此机构将每个正方形特征片（3mm × 3mm）折叠成立方体，并在室温下干燥 3h。从上述折叠机构上取下立方体，得到折叠

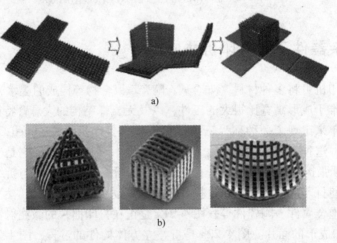

a)

b)

图 4-22　折叠过程与成形的钛金属件

a) 立方体折叠过程　b) 成形的钛金属件

构件。

3）在折叠成的立方体边缘涂覆由异丙基醇（Isopropyl Alcohol）和二甲苯（Xylene）组成的溶液（质量比为 7∶3），以便使面片相互粘接。

图 4-23a 是打印折叠成形大高宽比工件的过程：在基板上喷印两层外形尺寸为 30mm×20mm 的矩形面片（丝径为 250μm，丝与丝之间的中心距为 700μm），并将其置于卷绕装置上，将面片绕成同心圆柱卷（其中心有或无钛管插入物，见图 4-23b）。也可用类似的方法，将面片卷绕在氧化铝（矾土）管上，然后在干燥时再去除氧化铝管。

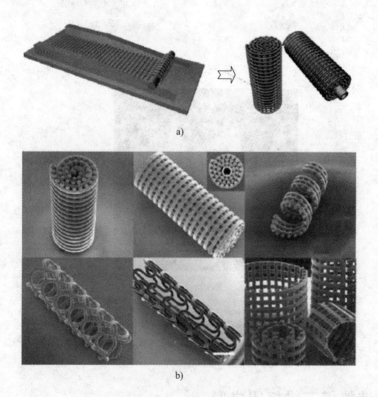

a)

b)

图 4-23　打印折叠成形的大高宽比工件
a) 折叠过程　b) 折叠成形的工件

图 4-24a 是更复杂的钛金属件的折叠成形过程，图 4-24b 和图 4-24c 分别是烧结前后的工件。

上述打印折叠自由成形中采用的 TiH_2 墨水由氢化钛粉（平均颗粒尺寸约为 20μm，4.4%（质量分数）H_2）、三嵌段共聚物（Triblock Copolymer，PMMA－PnBA－PMMA）和挥发性溶剂（二氯甲、乙二醇单丁醚、邻苯二甲酸二丁酯）组成。

图 4-24　更复杂的钛金属件的折叠成形
a）折叠过程　b）烧结前的工件　c）烧结后的工件

4.6　铸造蜡模三维打印成形

　　3D Systems 公司生产 ProJet CP 3000（见图 4-25）、ProJet CPX 3000 和 ProJet CPX 3000Plus 等 3 种铸造蜡模三维打印机，可用于直接成形机电工件、珠宝的铸造用蜡模，这几种打印机的 X - Y 方向的分辨率为 328×328dpi 或 656×656dpi，成形材料为 VisiJet CP200 蜡（熔点为 70℃）和 VisiJet CPX200 蜡（熔点为 70℃），支撑材料为 VisiJet S200 蜡（熔点为 55～65℃）。打印完成后，从打印机上取下蜡模，将其置于溶解盆中（见图 4-26），在盆中异丙醇（Isopropyl Alcohol）溶剂的作用下，去除支撑结构，得到所需蜡模。由于所用成形蜡材和支撑蜡材的熔点都较低，

图 4-25　3D Systems 公司蜡模三维打印机

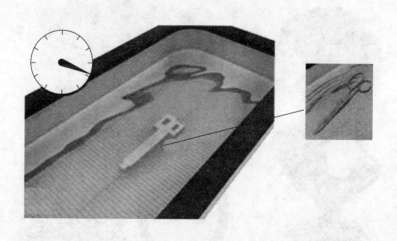

图 4-26　溶解盆中的蜡模

因此对喷头的加热温度要求也较低，易于实现。但是，由于两种蜡材的熔点相近，不能借助加热温差来去除支撑结构，而需用溶剂来使支撑结构溶解，所用溶剂（异丙醇）不能溶解成形蜡材。

　　这些型号的打印机采用单程打印模式（见图4-27），即在打印机的横向布满喷头，打印时喷头不必相对工件进行横向扫描运动，只需工件在工作台驱动下沿纵向进行往复运动，因此打印效率较高。

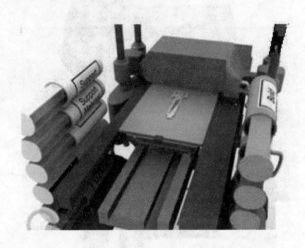

图4-27　单程打印模式

图4-28是上述3种蜡模三维打印机打印成形的蜡模。

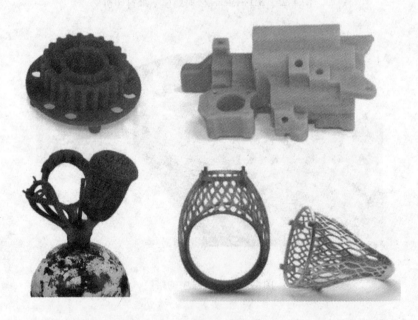

图4-28　三维打印成形的蜡模

Solidscape公司生产T612型蜡模三维打印机（见图4-29），用于制作工业铸造所需蜡型，成形件尺寸为 304.8mm×152.4mm×152.4mm，层高为 0.013～0.127mm，蜡型弯曲强度为 $1.95×10^3$psi，弯曲模量为 $2.50×10^5$psi（1psi=0.006895MPa），密度为 1.25g/cm³（23℃），硬度为 65HSD，表面粗糙度为 $Ra32～Ra63$μm，打印最小特征尺寸为 254μm。这种打印机上设置了视觉技术进行打印图像在线检测与监控系统（见图4-30），图4-31 是用此系统进行在线检测与监控的实例，根据监测所得图像缺陷的门限（见图4-31f）可以快速进行打印参数修正，以便及时改善打印品质。

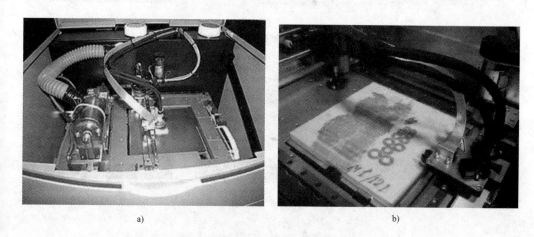

a)　　　　　　　　　　　　　　　　b)

图4-29　Solidscape 公司的蜡模三维打印机

a）喷头与铣刀　b）工作台

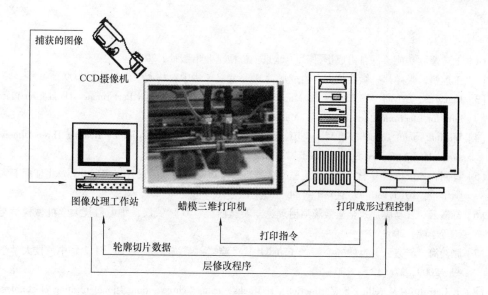

图4-30　采用视觉技术进行打印图像在线检测与监控系统

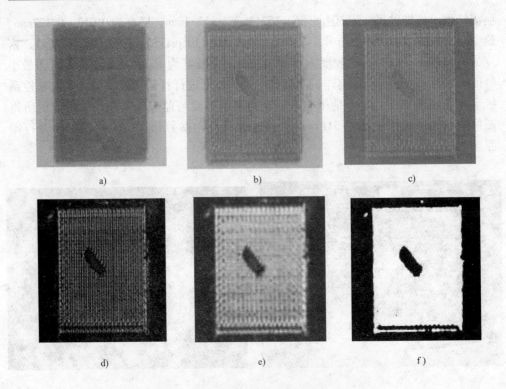

图4-31 采用视觉技术进行打印图像在线检测与监控示例

a) 蜡型铣削后的参照图像　b) 打印沉积后的实际图像　c) 图像a) 与b) 的差别

d) 调节图像的亮度和对比度　e) 图像滤波　f) 图像缺陷的门限

参 考 文 献

[1] 王运赣. 功能器件自由成形 [M]. 北京：机械工业出版社，2012.

[2] 王运赣，张祥林. 微滴喷射自由成形 [M]. 武汉：华中科技大学出版社，2009.

[3] Ramzi B, Sylvain M, Daniel T. Micro Heat Pipe Fabrication：High Performance Deposition Platform for Electronic Industry [R]. Montreal：EPM, 2006.

[4] Wigand, John Theodore , Winey III, et al. Method and Apparatus for Fabricating Three Dimensional Models. United States Patent, 7, 700, 016, April 20, 2010.

[5] 肖渊，齐乐华，黄华，等. 气压驱动金属熔滴按需喷射装置的设计与实现 [J]. 北京理工大学学报，2010, 30 (7)：780 – 784.

[6] 舒霞云. 气动膜片式金属微滴喷射理论与实验研究 [D]. 武汉：华中科技大学机械科学与工程学院，2009.

[7] 张鸿海，舒霞云，肖峻峰，等. 气动膜片式微滴喷射系统原理与实验 [J]. 华中科技大学学报，2009, 37 (12)：100 – 103.

[8] E Carreño – Morellia, S Martinerieb, L Mucks, et al. Three – dimensional printing of stainless steel parts：Proceedings of Sixth International Latin – American Conference on Powder Technology,

Buzios, November 07 – 10 , 2007 ［C］. Buzios：ABC, 2007.

［9］ M Chandrasekaran, K K Lim, M W Lee, et al. Effect of Process Parameter on Properties of Titanium Alloy Fabricated using Three – dimensional Printing ［J］. SIMTech technical reports, 2007, 8 (1)：1 – 4.

［10］ Williams C B, Rosen D W. Manufacturing Metallic Parts with Designed Mesostructure via Three – Dimensional Printing of Metal Oxide Powder ［R］. Atlanta：Georgia Institute of Technology, 2007.

［11］ Williams C B. Design and Development of a Layer – Based Additive Manufacturing Process for the Realization of Metal Parts of Designed Mesostructure ［R］. Atlanta：Georgia Institute of Technology, 2008.

［12］ Bok Yeop Ahn, Daisuke Shoji, Christopher J Hansen , et al. Printed Origami Structures ［J］. Advanced Materials, 2010 (22) 1 – 4.

第5章 三维打印自由成形的应用与普及

5.1 陶瓷构件三维打印成形

三维打印技术已用于传统陶瓷构件和先进陶瓷构件的制作，其中，在传统陶瓷领域的应用趋势是力图使日用陶瓷的三维打印技术深入社会，乃至家庭，在先进陶瓷领域的应用着重于制作高性能的复杂结构陶瓷件。

图 5-1 是一种三维陶瓷打印机（3D Ceramic Printer），这种打印机采用微注射器式喷头，可喷射湿陶土（Wet Clay，陶土与水的混合物）而成形陶瓷生坯件，然后将其置于窑炉中烧结成陶瓷件。此打印机属于 DIY（自装式）类型，其硬件和软件均为开放式结构，机身由钢杆和角形塑料接头等组成，X、Y 和 Z 轴由步进电动机通过齿形皮带传动，因此结构简单，使用方便，售价低廉，可推广至社会乃至家庭。

图 5-1　三维陶瓷打印机

图 5-2 是用三维陶瓷打印机制作的陶瓷件。

图 5-2　打印成形的陶瓷件

在先进陶瓷领域，用喷墨粘粉式三维打印机（如 Zprint 310 plus）制作了许多高性能的复杂结构陶瓷件（见图 5-3），以便适应现代建筑结构和光电陶瓷器件的需求。

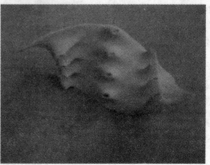

图 5-3　三维打印成形的高性能复杂结构陶瓷件

图 5-4 是 Shapeways 公司三维打印成形的涂釉陶瓷（Glazed Ceramics）用品。

图 5-4　三维打印成形的涂釉陶瓷用品

目前陶瓷粉三维打印成形工艺研究的重点主要集中在陶瓷坯件的致密化后处理上，尤其是陶瓷生坯件经烧结后进行浸渗处理。例如，为提高三维打印陶瓷件的力学性能，可以将熔化硅酸镧玻璃（Lanthanum – silicate Glass）渗透至三维打印多孔氧化铝预成形件中，使其成为氧化铝/玻璃复合物。这种强化后处理过程如下：

1）将氧化铝陶瓷粉和马铃薯糊精（Potato Dextrin，粘结剂）构成水悬浮液，然后冻干使其成为打印用粉材。

2）在层高为 90 ~ 150μm 下打印成形氧化铝陶瓷生坯，其孔隙率为 20% ~ 37%（体积分数），弯曲强度为 35 ~ 100MPa。

3）在 1600°C 下烧结 2h，使其成为多孔氧化铝陶瓷预成形件，其平均线收缩率约为 18%，孔隙率为 19%（体积分数），平均孔径约为 42μm。

4）在 1100°C 下用硅酸镧玻璃熔化渗透工艺填充孔隙 2h，并在 1000°C/h 速率下冷却（避免结晶），得到氧化铝/玻璃复合物，其弯曲强度为 150 ~ 170MPa，弹性模量为 227GPa。

图 5-5 是经强化后处理的三维打印成形模型。

Melcher 等进行了类似的工艺研究，他们首先通过三维打印获得 Al_2O_3 陶瓷生坯件，然后将生坯件进行烧结处理，得到陶瓷预成形件，再将预成形件渗透铜合金，获得 Al_2O_3/Cu 合金复合材料制品。

也可对三维打印预成形件进行冷等静压后处理来提高其致密度，例如，Scosta

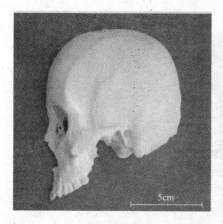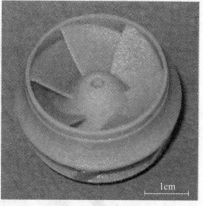

图 5-5 经强化后处理的三维打印成形模型

等采用三维打印工艺对 Ti_3SiC_2 陶瓷粉进行预成形得到陶瓷生坯件，然后通过冷等静压工艺提高其致密度，经烧结后陶瓷件的致密度从 50% ~60% 提高到99%。

5.2 珠宝蜡型三维打印成形

Solidscape 公司生产的 R66 型（见图 5-6）和 T76plus 型三维珠宝蜡型打印机，X – Y 方向打印分辨率为 5000 × 5000dpi，成形范围为 152.4mm × 152.4mm × 101.6mm，层高为 12.7 ~ 76.2μm，蜡型弯曲强度为 $1.95 × 10^3$ psi，弯曲模量为 $2.50 × 10^5$ psi，密度为 1.25g/cm³（23℃），硬度为 65HSD，表面粗糙度为 *Ra*32 ~ 63μm，打印最小特征尺寸为 254μm。图 5-7 是由这种打印机打印成形的珠宝蜡型。

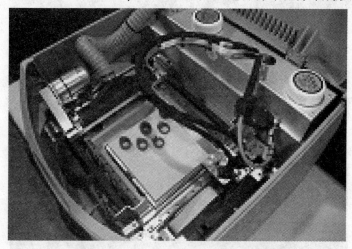

图 5-6 Solidscape 公司的三维珠宝蜡型打印机

图 5-7　打印成形的珠宝蜡型

　　3D Systems 公司的 InVision HR 三维打印机（见图 5-8）用光敏树脂作为成形材料，用蜡作为支撑材料，这种打印机成形的光敏树脂模型（见图 5-9）也可用于珠宝的铸造。

图 5-8　3D Systems 公司的 InVision HR 三维打印机

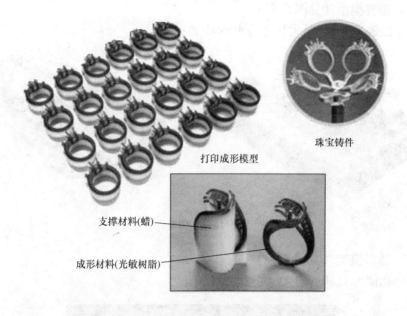

珠宝铸件

打印成形模型

支撑材料(蜡)

成形材料(光敏树脂)

图 5-9　InVision HR 打印成形的珠宝铸造模型与铸件

5.3　建筑模型与构件三维打印成形

美国 LGM 公司用三维打印机在高性能石膏粉上选择性地喷射粘结剂来为客户制作建筑模型，这些模型可分为以下 4 种：

（1）概念模型（见图 5-10）

尺寸比例为 1:8、1:10 和 1:16，最大尺寸为 3ft × 4ft（1ft = 0.3048m）。

图 5-10　概念模型

（2）销售模型（见图 5-11）

尺寸比例为 1∶8，最大尺寸为 4ft×8ft。

图 5-11　销售模型

（3）地形模型（见图 5-12）

尺寸比例为 1∶80，最大尺寸为 5ft×3ft。

图 5-12　地形模型

（4）结构模型（见图 5-13）

尺寸比例为 1∶8、1∶10 和 1∶16，最大尺寸为 28ft×10ft×6ft。

意大利恩里科·迪尼成功研制出一种叫做"D 外形"的大型三维打印机（见图 5-14），这种打印机的喷头有数百个喷嘴，用喷射粘结剂来粘结沙和镁组成的粉材，层高为 5~10mm，最终打印出的建筑构件的质地类似于大理石，比混凝土的强度更高，并且不需要内置钢筋进行加固。这种三维打印机建造建筑物的速度是普通建筑方法的 4 倍，并且能减少一半成本。

英国建筑师理查德·布斯维尔研究的一个项目，其目标是建造一台 4m×5m 的三维打印机，用于打印陶瓷、水泥、石膏、粘土、石灰、聚合物和金属材料，从而

图 5-13　结构模型

构成建筑物。例如，精确地打印出混合多种材料的墙体（见图 5-15），不必分别进行单独加工，墙体上能预留用作门窗的口子，也能将墙体打印成蜂窝结构，用于隔热保暖，还能预留布置电线和管道的通路。

目前，欧洲宇航局正准备制作新型三维打印机，使其能在月球上用风化层灰尘来建造月球建筑体和未来的"月球村"。近期该计划在真空实验室里进行测试，以便确定这种打印机能否在月球低大气层环境中完成操作。

a)

图 5-14　"D 外形"大型三维打印机

b)

图 5-14 "D 外形"大型三维打印机（续）

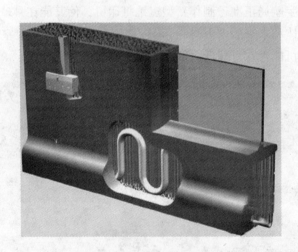

图 5-15 打印的墙体

迪拜有一个重要的公寓项目（Canal Residence West），是迪拜体育中心城的一部分，需要一个长 10ft（1ft = 0.3048m），比例 1:160 能显示全部细节的模型来展示给媒体和投资者，要求在两个月内完成，因此用 InVision SR 三维打印机制作了 20 多个模块组成的公寓楼建筑模型，按时完成了任务，取得了满意的效果（分别见图 5-16 和图 5-17）。

a)

b)

c)

图 5-16 三维打印的公寓楼建筑模型

a）模块 b）装配模型 c）涂色后的模型

d)

图5-16　三维打印的公寓楼建筑模型（续）

d）加入室内灯光后的模型

图5-17　打印的高质量建筑细节

5.4　食品三维打印成形

美国 Cornell 大学在其开发的 Fab@ Home Model 1（见图2-63）三维打印机上进行了食品打印成形的系统研究[1]。此研究表明，用可食用材料打印食品有以下优点：

1）开创了自由成形技术在定制食品（Custom Food）工业中的应用，如制作具有特定构形和错综材料成分的复杂糖果。

2）可食用材料易于获得，无毒、成本较低，有利于自由成形技术教育实践。

3）具有适宜流变特性的可食用材料能用作牺牲模料、可降解材料、生物兼容材料或可再生材料，以及打印成形时的支撑结构。

4）使未经必要食品制作专业训练的人员也能制作个性化食品，无须花高价向食品制作专卖店订购。

目前已用蛋糕糖霜、巧克力、奶酪和花生酱打印成形了多材质的食品，预示了潜在可食用材料的范围和应用前景。

食品材料中的糖和淀粉糊在空气中会变硬，能用作支撑材料。

成形三维食品时要求材料有足够高的粘度，以便叠加成形时能自支撑和可堆叠，并具有必要的分辨率。面糊、黄油、生面团、果冻和可溶化料等食品材料可满足上述要求。

Cornell 大学研究了食品打印中的牺牲模料和支撑材料，首先用霜状白糖来支撑不同的硅树脂结构，观察霜状白糖是否易于剥离，以及成形件是否能达到预期状态；其次，用制作的硅树脂件作为食品的生产模（巧克力脆饼就是这样制作的）；然后，观察食品是否能很好地从硅树脂模中脱出，以及脆饼是否与硅树脂模的形状相同。

食品打印最可能的应用在于制作手工难以成形的食物，这包括用不同的材料和颜色制作的食物。图 5-18 是用两种不同颜色的霜状白糖制成的食物。其中图5-18a的绿箭从红心正中穿过，红色霜状白糖打印在绿箭之上，构成完整结构。在图 5-18b 的左边，红心与绿心重叠，右边有两片花瓣。

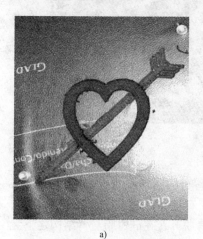
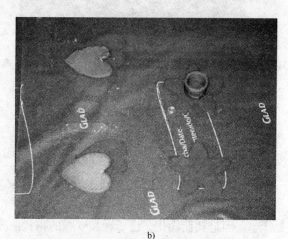

a)　　　　　　　　　　　　　　　b)

图 5-18　用两种不同颜色的霜状白糖制成的食物

图 5-19 是打印在饼干上两个同样的商标，若用手工制作则需反复多次才能使两个商标基本相同。

图 5-19　打印的相同商标

也可打印巧克力，但需用加热的注射器使巧克力在喷射过程中保持熔化状态（见图 5-20）。

图 5-20　打印巧克力

Cornell 大学尝试用霜状白糖作为支撑材料来支撑硅树脂形成的悬臂结构。首先，尝试简单的结构：用一块霜状白糖来支撑硅树脂桥，硅树脂不能很好地粘结在霜状白糖上。一旦硅树脂固化，已干燥和变脆的霜状白糖易脱开，在硅树脂悬臂结构之下无霜状白糖支撑。然后尝试制作硅树脂球，将霜状白糖沉积成口杯状支撑（见图 5-21），将硅树脂打印在其中（见图 5-22），霜状白糖足够结实，直到成形完毕（去除支撑之前，见图 5-23），再从口杯状支撑中取出硅树脂球（见图 5-24）。

安全硅树脂可重复用作使用模，用于支持食物或食物预加工。食料也可用作牺牲支撑材料，这些材料用途广泛，可任意处理。

图 5-21　霜状白糖沉积成口杯状支撑

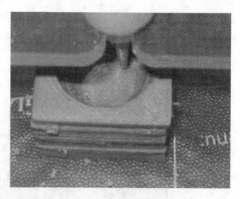

图 5-22　硅树脂打印在口杯中

图 5-23　成形完毕（去除支撑之前）

图 5-24　成形完毕并取出硅树脂球

图 5-25 ~ 图 5-28 是几种三维食品打印机（3D Food Printer），图 5-29 ~ 图 5-32

图 5-25　三维食品打印机一

是打印成形的食品。打印的墨水可以是食用墨水、巧克力、砂糖和其他各种食品
原料。

图 5-26　三维食品打印机二

图 5-27　三维巧克力打印机

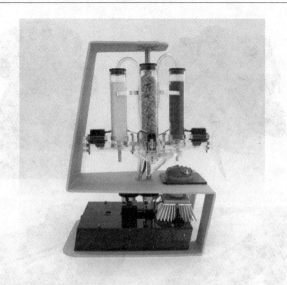

图 5-28　三维糖果打印机

图 5-29　三维打印成形的食品一

图 5-30　三维打印成形的食品二

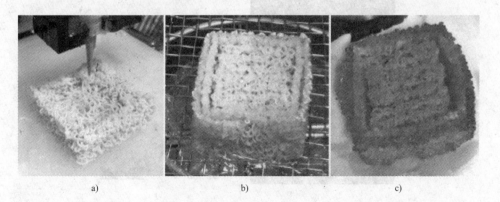

图 5-31　三维打印成形的食品三

图 5-32　三维打印成形的巧克力

5.5　时尚品三维打印成形

1. 时装三维打印成形

图 5-33 是 2010 年于阿姆斯特丹时装周亮相的用尼龙材料三维打印成形的时装，这种时装是根据人体扫描信息打印而成，因此更能贴近人体线条，达到时装界所追求的"合身剪裁"的要求，实现完全贴身订制。

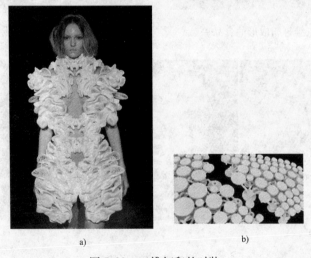

图 5-33　三维打印的时装

c)

图 5-33　三维打印的时装（续）

　　图 5-34 是用 Objet Eden 500V 打印机打印成形的鞋，鞋的每层用两种不同材料打印而成，使得鞋既硬实耐用又柔软舒适。还可首先打印成形鞋的时尚骨架，然后由高级技工用手工缝制皮面。

a)

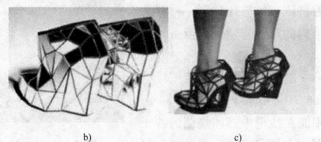

b)　　　　　　　　　　　　　　　c)

图 5-34　三维打印的鞋

2. 时尚家庭用品三维打印成形

图 5-35 是三维打印成形的家居用品，图 5-36 是三维打印成形的灯饰。

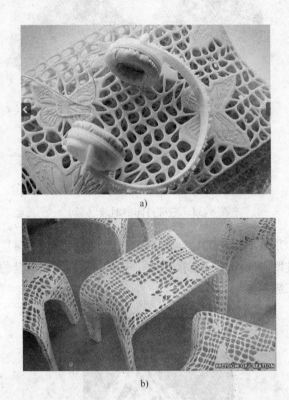

a)

b)

图 5-35　三维打印的家居用品

图 5-37 是英国菲尔顿欧洲航空防务与航天集团（European Aeronautic Defence and Space Group）展示的一辆称为 Airbike 的新型自行车，用熔融挤压三维打印成形，材料为尼龙，与钢铝结构的车一样坚固，但重量却减轻了 65%。

Markus Kayser 制造了一种太阳能三维打印机（Solar Sand 3D Printer），如图 5-38 所示，以便用太阳能在沙漠中打印烧结的沙子而成形玻璃器具（见图 5-39），这种打印机已在撒哈拉沙漠进行了测试。

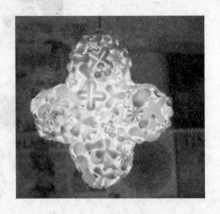

图 5-36　三维打印的灯饰

3. 时尚工艺品三维打印成形

图 5-40 是三维打印的时尚工艺品。

图 5-37 三维打印的自行车

a)

图 5-38 太阳能三维打印机

b)

图 5-38　太阳能三维打印机（续）

图 5-39　三维打印的玻璃器具

图 5-40　三维打印的时尚工艺品

5.6　科教模型三维打印成形

图 5-41 和图 5-42 是三维打印的科教模型。

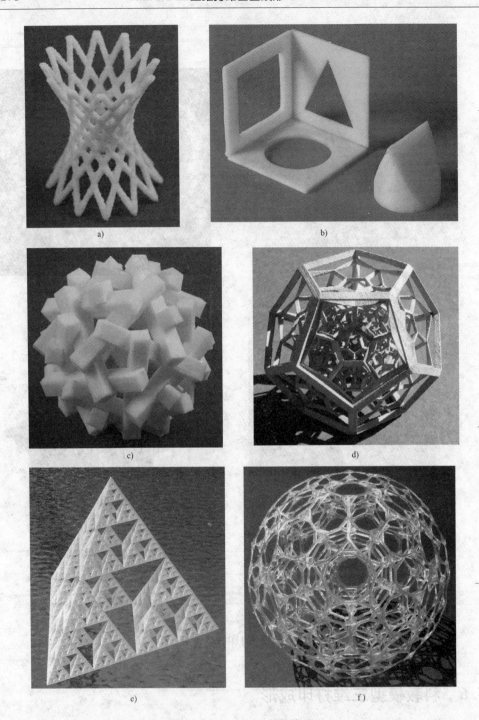

图 5-41　三维打印的科教模型一

a）双曲面模型　b）三面投影模型　c）30 根棍的解谜模型　d）120 胞体模型

e）Sierpinski 四面体　f）截角 120 胞体

图 5-42　三维打印的科教模型二

a）Goldberg 多面体　b）7 个可自由旋转相互不连接的同心球　c）双层测地球（外层：260 个三角形，
内层：12 个五边形和 120 个六边形）　d）由火蜥蜴形状编织的模型　e）几何雕塑模型

5.7 三维打印自由成形的普及

1976 年全球第一台 2D 喷墨打印机诞生，此后的几十年中，2D 打印机的技术发展很快，品种越来越多，售价也有非常大的变化，在中国市场上，普及型 2D 打印机的价格从上万元降至几百元，作为计算机的首要输出记录设备已遍及办公室乃至家庭，成为人们必不可少的工具。但是，它仍然局限于纸张平面的二维写照。

随着信息时代的全面到来，科技手段的不断进步，终于可以直接表达三维世界，将这个真实世界的信息呈现出来，这就是 3D 技术！基于互联网的三维数字化技术，使人们的生活方式、消费方式和生产方式都可以在互联网上最直观、最真实地呈现出来。3D 放映机、3D 电视机、3D 投影机、3D 游戏机、3D 摄像机、3D 数码相机、3D 手机已经成为许多人的追求，种种变化表明，全新的 3D 时代正向人们走来。然而，上述 3D 影像表达只能使人们的眼睛感觉到 3D 世界，而不是真实可触摸的 3D 世界。

在科技发展的这个关键节点，3D 打印机出现了！特别是近几年先进 3D 打印机的出现为 3D 时代的真实写照提供了最强力的工具。随着 3D 打印机喷头的显著进步，所用成形原材料的范围不断扩大。至今，聚合物、金属、陶瓷、生物医学材料、建筑材料、装饰材料、食用材料等都可变成"墨水"，并由 3D 打印机的喷头喷射沉积为复杂的三维成形件和食品——真实可触摸的 3D 世界！

由此可见，普及三维打印自由成形是时代发展的需求。为了及早实现这个需求，有两个要素：

1）普及三维打印技术，使其如同计算机一样家喻户晓。

2）实现三维打印机模块化批量生产，使其售价能为大众接受。

这两个要素是紧密相连、息息相关的。

英国 Bath 大学推出的 DIY 式 RepRap 三维打印机（见图 2-100 和图 2-101）是实现上述两个要素的典型，将 3D 打印机的组成硬件划分为若干标准模块（见图 5-43 和图 5-44），并组织模块的批量生产，将打印机的相关软件设计成开放式结构，可以容易地从互联网下载并自行改进、发展。因此，这种三维打印机易于学习和掌握，价格便宜，能大规模推广。其中，整套 MakerBot 电路板包括控制面板、主控板、步进电动机驱动板（4 块）、挤压头控制板、接口板等。

为便于一般用户学习和自组装普及型 3D 打印机，Patrick Hood – Daniel 和 James Floyd Kelly 在 2011 年出版了一本长达 446 页的专著"Printing in Plastic—Build Your Own 3D Printer"（《从事塑料打印——构建你自己的 3D 打印机》），如图 5-45 所示，全书分为 21 章，详尽地描述了自己动手制作普及型 3D 打印机所需的原材料、加工方法、装配过程和工具。为降低成本，打印机的钢板件用胶合板替代。图 5-46 是这种打印机装配成功后的图片，图 5-47 是装配后的挤压头。

图 5-43 MakerBot 电路板

a）V1.1 控制面板 b）V2.4 主控板 c）V3.3 步进电动机驱动板
d）V3.6 挤压头控制板 e）Arduino MEGA 接口板

图 5-44 塑料套件

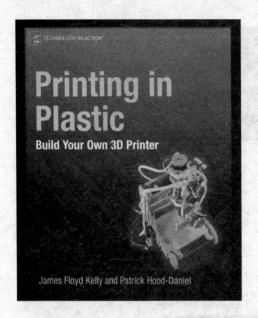

图 5-45 《从事塑料打印——构建
你自己的 3D 打印机》

图 5-46 自装配后的打印机

实现三维打印机的小型化能加速普及三维打印技术的进程，为此维也纳科技大学（TU Vienna）的 Markus Hatzenbichler 和 Klaus Stadlmann 研制了一种目前世界上最小的三维打印机（见图 5-48）。这种打印机基于光固化液态光敏树脂原理，类似于 SLA 自由成形机，但不用激光束作为固化源，而是用 LED 光束，成形范围为 20mm × 30mm × 50mm，成形层厚为 50μm，整机重量仅 1.5kg。图 5-49 是这种打印机的成形件。

图 5-47 自装配后的挤压头

实现家庭化是普及三维打印技术的一个重要目标，也是改变人类日常生活的一项大胆的尝试。例如，麻省理工学院（MIT）设计了一种家用食物打印机（见图 5-50），其思路：将不同的食物原料存储在打印机上面不同的罐子里，从互联网下载菜谱并输入代码到此打印机，然后启动打印机，各种原料就从不同的喷头中精确定量地挤至托盘中，形成所喜爱的食物（见图 5-51），这种打印机还设有使食物加热/冷却装置。食物打印机把烹饪技术带入数字化时代，并可制作完全新颖的食物，那是传统烹饪技术所无法获得的。食物打印机的使用者能精确地控制食入的热量、营养成分（如碳水化合物、脂肪含量、

a)

b)　　　　　　　　　　　c)

图 5-48　维也纳科技大学的小型三维打印机

a）手持打印机　b）外观　c）内部结构（去除外罩后）

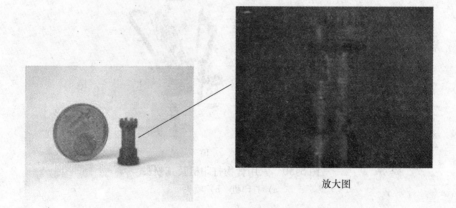

放大图

图 5-49　维也纳科技大学的三维打印机的成形件

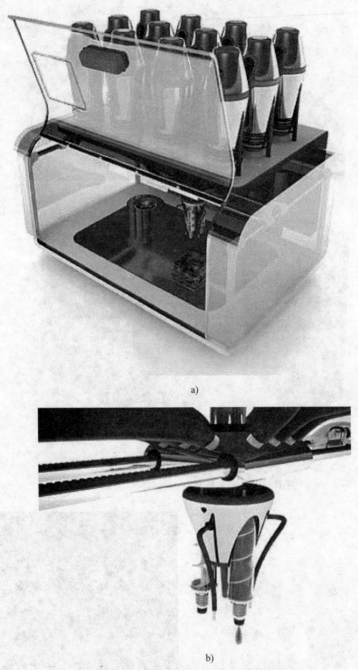

图 5-50　家用食物打印机及其喷头

a）打印机　b）喷头

维生素含量等）、质量和口味，还可减少浪费，想吃多少就下多少料。

美国康奈尔大学"Fab@ home"研究计划中的一个项目也是研发家用3D食物

打印机。飞利浦公司也致力于家用食物打印,他们认为食物打印机能实现医疗和美食的组合,对于每天服药的病人也许是一个不错的方式。由于许多人看好食物打印机的应用前景,因此出现了多种多样的家用食物打印机设计(见图5-52)。可以预见,这种打印机首先会在西式食物的个性化制作上取得突破性进展。

a) b)

图5-51 打印的食物

图5-52 多种多样的家用食物打印机设计

参 考 文 献

［1］Dan Periard，Noy Schaal，Maor Schaal，et al．Printing Food：Report of Cornell University［R］. Louisville：Cornell University，2007.

［2］Phil Reeves．Rapid Manufacturing for the Production of Ceramic Components：Report of Econolyst Ltd［R］．Derbyshire：Econolyst Ltd，2008.

［3］谭娜．神奇造物者——3D 打印机［J］．科技生活，2011（43）：12－13.

［4］Ashlee Vance．3－D Printing Spurs a Manufacturing Revolution［N］．The New Youk Times，2010－9－13.

［5］Camel. 3D 打印机：快速成型技术观光［J/OL］. 2011－02－24.
http：//www. guokr. com/article/7463/.

［6］无尘. 强大的 3D 打印机与我们距离不远了［J/OL］. 2011－06－29.
http：//news. pconline. com. cn/gnyj/gx/1106/2455306. html.

［7］Patrick Hood－Daniel and James Floyd Kelly．Printing in Plastic — Build Your Own 3D Printer［M］. New York：Apress，2011.